Da beißt die *Maus* *kein* *Faden* *ab*

Hans Bahmer

Da beißt die *Maus* *kein* *Faden* *ab*

Tierische Redewendungen – *wahrhaftig erklärt*

Illustriert von Annette Roeder

Altberliner

Was ist das nur für ein Lebewesen?

Es hat Rabeneltern, geht mit den Hühnern zu Bett und schläft dann unter seinem dicken Fell wie ein Murmeltier in seinem Wolkenkuckucksheim, in dem es zugeht wie in einem Taubenschlag. Wer es aufweckt, sticht in ein Wespennest, aus dem es dann aufsteigt wie ein Phönix aus der Asche. Wegen Läusen im Pelz und Flöhen im Ohr steckt es den Kopf gerne in den Sand oder lässt sich vom Affen lausen. Obwohl ein Angsthase und Hasenfuß, streckt es manchmal seine Fühler aus, bekommt richtige Stielaugen und schaut zu, wie die Ratten das sinkende Schiff verlassen, dabei ist es eigentlich blind wie ein Maulwurf. Meistens lässt es die Ohren hängen wegen der Ohrwürmer, mit denen es spinnefeind ist. Auch gegenüber dem Hecht im Karpfenteich verhält es sich wie Hund und Katz. Es ernährt sich mühsam wie ein Eichhörnchen, ist fleißig wie eine Biene, hamstert gerne, stiehlt wie eine Elster und findet auch einmal ein Korn. Häufig aber flattert es wie ein Schmetterling von Blüte zu Blüte und schlägt dabei nicht selten zwei Fliegen mit einer Klappe, die es mit seinen Adleraugen entdeckt hat. Beim heimlichen Mäusemelken schluckt es gerne eine Kröte, passt dabei jedoch auf wie ein Luchs. Meistens muss es danach aber reihern. Von der Tarantel gestochen, sieht es Rot wie ein Stier und benimmt sich wie ein Elefant im Porzellanladen. Da es weiß, wie der Hase läuft, wagt es sich frech wie ein Dachs in die Höhle des Löwen und macht ihn zur Schnecke. Wenn es der Krähe gerade kein Auge aushackt, vergießt es Krokodilstränen. Katzenwäsche ist ihm am liebsten, danach tanzt allerdings der Bär, denn wenn es die wilde Hummel spielt, hängt es sich an einen seidenen Faden und geht wie der Esel, dem es zu wohl wird, aufs Eis. Da es eine Wespentaille besitzt und glatt wie ein Aal ist, gehört es zu den hässlichen Entlein und schmückt sich daher gern mit fremden Federn. Im Übrigen ist es ein ziemliches Faultier, das den Pferden das Denken überlässt, aber heimlich davon träumt, ein Bücherwurm zu sein. Alles in allem also ein komischer Kauz, was die Spatzen schon lange von den Dächern pfeifen. Die Wissenschaftler dagegen nennen das Lebewesen Homo sapiens, das bedeutet der Wissende, der Weise. In der Alltagssprache nennen wir uns einfach Mensch.
Die tierischen Vergleiche für uns und unsere Mitmenschen haben wir uns selbst ausgedacht, das ist sicher, da beißt die Maus keinen Faden ab!

Hans Bahmer

inhalt

Am seidenen Faden hängen ... 6
Angsthase und Hasenfuß ... 8
Aufpassen wie ein Luchs ... 10
Blind wie ein Maulswurf ... 12
Bücherwurm ... 14
Da beißt die Maus kein Faden ab ... 16
Da tanzt der Bär ... 18
Den Kopf in den Sand stecken ... 20
Den Pferden das Denken überlassen ... 22
Der Hecht im Karpfenteich sein ... 24
Die Kröte schlucken müssen ... 26
Die Ohren hängen lassen ... 28
Die Ratten verlassen das sinkende Schiff ... 30
Die Spatzen pfeifen es von den Dächern ... 32
Diebisch wie eine Elster ... 34
Ein blindes Huhn findet auch mal ein Korn ... 36
Ein dickes Fell haben ... 38
Eine Krähe hackt der anderen kein Auge aus ... 40
Eine Schwalbe macht noch keinen Sommer ... 42
Eine Wespentaille haben ... 44
Es ist zum Mäusemelken ... 46
Faultier ... 48
Fleißig wie die Bienen ... 50
Frechdachs ... 52
Glatt wie ein Aal ... 54
Hamstern ... 56
Hässliches Entlein ... 58
Hier geht es zu wie im Taubenschlag ... 60
In ein Wespennest stechen ... 62
In Wolkenkuckucksheim leben ... 64
Jemandem eine Laus in den Pelz setzen ... 66
Jemandem einen Floh ins Ohr setzen ... 68
Jemanden zur Schnecke machen ... 70
Katzenwäsche ... 72
Komischer Kauz ... 74
Krokodilstränen ... 76
Mich laust der Affe ... 78
Mit Adleraugen ... 80
Mit den Hühnern zu Bett gehen ... 82
Mühsam ernährt sich das Eichhörnchen ... 84
Ohrwurm ... 86
Rabeneltern ... 88
Reihern ... 90
Rot sehen wie ein Stier ... 92
Schlafen wie ein Murmeltier ... 94
Seine Fühler ausstrecken ... 96
Sich in die Höhle des Löwen wagen ... 98
Sich mit fremden Federn schmücken ... 100
Spinnefeind sein ... 102
Stielaugen machen ... 104
Stolz wie ein Pfau ... 106
Stumm wie ein Fisch ... 108
Wenn es dem Esel zu wohl wird, geht er aufs Eis ... 110
Wie ein Elefant im Porzellanladen ... 112
Wie ein Phönix aus der Asche ... 114
Wie ein Schmetterling von
Blume zu Blume flattern ... 116
Wie Hund und Katze ... 118
Wie von der Tarantel gestochen ... 120
Wilde Hummel ... 122
Wissen, wie der Hase läuft ... 124
Zwei Fliegen mit einer Klappe schlagen ... 126

Am seidenen Faden hängen

Wenn bei einem Fußballspiel der Sieg an *„einem seidenen Faden hängt"*, bedeutet dies, dass man bis zum Abpfiff darum bangen muss, wer gewinnt. „Der seidene Faden" – für den Menschen ein Bild für den äußerst ungewissen Ausgang einer Sache – ist für manche Tiere lebenswichtig. Zu den Tieren, die Seide herstellen können, gehören die Spinnen. Das feine Material wird in ihrem Hinterleib in den Spinndrüsen gebildet und gelangt durch bis zu 50 000 für uns unsichtbare Düsen nach außen. Da die Größe der Öffnungen von der Spinne verändert werden kann, entstehen verschieden dicke Fäden. Obwohl die feinsten nur hunderttausendstel Millimeter Durchmesser haben, sind Spinnenfäden fester als gleichdicke Stahldrähte und können um das Zwanzigfache gedehnt werden, bevor sie reißen. Dieses Supermaterial benutzen Spinnen zu unterschiedlichen Zwecken. Ist die Spinne unterwegs, zieht sie immer einen Wegfaden, der von Zeit zu Zeit auf dem Untergrund festgeklebt wird, hinter sich her. Dadurch ist sie gesichert und kann sich bei Gefahr abseilen. Als Stolperfäden oder mit Klebstoff versehen, wird die Seide zum Fangen von Beutetieren benutzt. Andere Fäden dienen dem Bau von großen Netzen, manche sind Signalfäden, mit deren Hilfe die Spinne erkennen kann, ob bereits ein Tier in die Falle gegangen ist. War das der Fall, dann wird der Seidenfaden zur Fesselseide, mit der das arme Opfer bewegungsunfähig gemacht wird. Anschließend kommt die Beute in eine seidene Frischhaltetüte, in der sie bis zum Verzehr aufbewahrt wird. Spinnen tapezieren ihre Wohnhöhlen mit Seide aus und spinnen Hüllen, in denen sich ihre Eier zu Spinnenbabys entwickeln. Selbst zum Fliegen eignen sich die Superfäden: Im Spätsommer sind viele junge Spinnen fliegend unterwegs, gesichert durch einen Flugfaden, den der Wind bewegt. So hängt fast das gesamte Leben der Spinnen an einem seidenen Faden und damit leben sie recht sicher, denn Spinnen gibt es seit 350 Millionen Jahren auf unserer Erde. Woher kommt also die Redensart, dass für uns Dinge, die am seidenen Faden hängen, etwas sehr unsicheres sind? Der Spruch geht auf einen römischen Herrscher zurück, der von seinem Diener Damokles wegen seines Glücks beneidet wurde. Der schlaue Herrscher ließ den Diener deshalb einmal König „spielen" und setzte ihn auf seinen Thron, über dem er allerdings ein Schwert aufgehängt hatte, das nur an einem Pferdehaar befestigt war. Daraus wurde nicht nur die Redensart vom *„seidenen Faden"*, sondern auch *„wie ein Damoklesschwert über jemandem hängen"* als Bild für eine ständige Bedrohung.

Angsthase und Hasenfuß

Kaum zu glauben für welche Vergleiche der arme Feldhase herhalten muss. *„Ein alter Hase“* ist nach der Redensart jemand, der sich im Leben auskennt. Furchtsame Menschen werden als *„Angsthase“* oder *„Hasenfuß“* bezeichnet. Ein „Hasenherz“ unterstellt man einem Feigling und „das Hasenpanier ergreifen“, heißt nichts anders, als bei der kleinsten Gefahr davonlaufen. Was ist dran an diesen Behauptungen?
Der Feldhase ist ein Einzelgänger, der hauptsächlich in der Dämmerung aktiv ist und den Rest des Tages in flachen Mulden auf Wiesen und Feldern verbringt. Vor seinen Feinden schützt ihn seine graubraun melierte Fellfarbe. Solange er sich nicht bewegt, können ihn Fuchs und Greifvogel nur schwer erkennen. So sitzt er mit offenen Augen bewegungslos in seiner Kule, auch Sasse genannt. Von Schlafen keine Spur, denn der Hase beobachtet seine Umgebung mit seinen Augen, prüft die Luft mit seiner feinen Nase und nimmt mit seinen Löffeln das kleinste Geräusch wahr. Den Fuchs hat er schon von weitem erkannt. Sein Hasenherz, das nicht das Herz eines Feiglings ist, schlägt jetzt schon schneller, dadurch werden die Muskeln besser durchblutet und mit Nährstoffen und Sauerstoff versorgt. Der von Natur aus ziemlich wehrlose Feldhase bereitet sich so auf eine mögliche Flucht vor. Mutig wartet er, bis sich der Fuchs auf gut drei Meter nähert, schnellt dann in Bruchteilen einer Sekunde auf und macht sich davon. Der Feldhase ist ein echter Hasenfuß, darunter verstand man nämlich ursprünglich keinen Angsthasen, sondern einen besonders schnellen Läufer. Mit bis zu 70 Stundenkilometern sprintet der Feldhase seinen Feinden davon. Rettet ihn die Flucht nicht mehr, zeigt sich der Feldhase nicht als Angsthase. Mutig greift der Mümmelmann selbst Adler an, die ihn verfolgen. Dabei gelang es ihm schon, ein Jungtier aus den Fängen eines Greifvogels zu befreien. Bei seiner Flucht trägt der Feldhase seinen Schwanz, der in der alten Jägersprache *„Panier“* genannt wird, aufrecht. So ist die Redensart *„das Hasenpanier ergreifen“* für *„vor etwas fliehen“* zu erklären. Bevor der Mümmelmann nach erfolgreicher Flucht wieder in seine Bodenmulde zurückkehrt, legt er mehrere falsche Fährten, die Angreifer verwirren sollen. Auch das berühmte Hakenschlagen lässt die Verfolger ins Leere laufen. Dieser Trick nützt allerdings nichts, wenn mehrere Verfolger dem Hasen den Weg abschneiden. *„Viele Hunde sind des Hasen Tod“* bedeutet deshalb, dass sich ein Einzelner nicht gegen eine Übermacht von Feinden wehren kann.

Aufpassen wie ein Luchs

Der Luchs, der einst in ganz Europa verbreitet war, ist ein ganz besonders vorsichtiges Raubtier und wurde so zum Vorbild für zwei sehr gebräuchliche Sprichwörter. Das katzenartige Raubtier versucht durch seine Vorsicht seinem natürlichen Feind, dem Wolf, ein Schnippchen zu schlagen und macht es so auch dem Menschen schwer, ihn vor die Flinte zu bekommen. Um satt zu werden, pirscht sich der Luchs mucksmäuschenstill bis auf gut zwanzig Meter an seine Beute heran, springt dann mit wenigen Sätzen auf zum Beispiel das Reh los und schlägt mit seinen Pranken zu. Bevor es aber so weit kommt, muss das Reh erst einmal entdeckt werden. Dazu ist das Raubtier hauptsächlich nachts in seinem Revier unterwegs, wo es bis zu 17 Kilometer umhertrabt. Seine guten Ohren und scharfen Augen, führten nicht nur zu der Redensart *„Ohren und Augen haben wie ein Luchs"*, sondern lassen das hungrige Raubtier auch seine Beute aufspüren. Die überaus beweglichen Ohrmuscheln enden in einem vier Zentimeter langen Haarbüschel und fangen den Schall auf wie eine Satellitenantenne die Fernsehsignale. Auch in finsterer Nacht sind damit feinste Geräusche wahrnehmbar und sogar die Richtung, aus der die Töne kommen. Selbst wenn ein Luchs schläft, sind die Ohren auf Empfang gestellt und das leiseste Knacken eines Zweiges lässt ihn aufspringen. Bei normalen Lichtverhältnissen sind seine Augen zwar nicht besser als die des Menschen, bei Dunkelheit sind Luchsaugen den unseren aber deutlich überlegen. Luchse können durch eine besondere Schicht in ihren Augen selbst geringe Lichtmengen besser für ihre Beobachtungen ausnutzen. Diese Schicht ist übrigens, wie bei Katzen auch, für das Leuchten der Augen bei Nacht verantwortlich. Früher glaubte man sogar, der Luchs könne mit seinen Augen durch Mauern hindurch sehen. Aber weder die sprichwörtliche Vorsicht, noch die guten Ohren und Augen konnten in Europa den Luchs vor dem Aussterben bewahren. Schuld daran ist der Mensch. Er hat das scheue und harmlose Raubtier wegen seines Fells gefangen und getötet, bis es keine Luchse mehr bei uns gab. Heute versucht man mühsam, die eleganten Raubkatzen wieder in unseren Wäldern anzusiedeln.
Übrigens, wenn du während des Unterrichts schon nicht *immer aufpasst wie ein Luchs*, solltest du zumindest bei der nächsten Klassenarbeit davon ausgehen, dass dein Lehrer Augen und Ohren hat wie dieser.

Blind wie ein Maulwurf

Maulwürfe verbringen den größten Teil ihres Lebens unter der Erde. Bei der versteckten Lebensweise des kleinen Einsiedlers ist es nicht verwunderlich, dass man wenig über ihn weiß. Einiges wurde allerdings doch schon erforscht. Zum Beispiel seine Augen. Sie sind so klein wie ein Mohnkorn auf dem Frühstücksbrötchen, sind aufgebaut wie unsere auch, besitzen Augenlider und können je nach Bedarf mehr in die Augenhöhle weiter zurück gezogen oder heraus gedrückt werden. Zusätzlich sind sie noch von Kopfhaaren bedeckt, die zur Seite geklappt werden können und so eine Art Schutzbrille aus Haaren bilden. So ist das empfindliche Organ des Wühlers besonders gut vor der Erde geschützt. Wie gut er damit sieht, weiß man nicht, allerdings scheint das Sehen unter der Erde auch nicht besonders wichtig zu sein – in den Gängen ist es nämlich stockdunkel. Für die Orientierung unter Tage ist zum Beispiel der Tastsinn wichtiger. Besonders gut fühlen Schnauze und die Pfotengelenke, auf denen Fühlhaare sitzen. Damit kann der Maulwurf sogar ganze feine Erschütterungen spüren. Die Ohren, die keine äußere Ohrmuschel haben, sind durch eine Hautfalte vor eindringender Erde geschützt. Mit den winzigen Ohren können Maulwürfe ausgezeichnet hören und wissen daher immer, was sich in ihrem Gangsystem oder sogar über der Erde abspielt. Hinzu kommt noch der Riechsinn, der so fein ist, dass der Maulwurf seine Lieblingsspeise, die Regenwürmer, durch eine sechs Zentimeter dicke Erdschicht erschnüffeln kann. Ganz empfindlich reagiert der Maulwurf auf bestimmte unangenehme Gerüche wie Petroleum, womit man ihn auch aus dem Garten vertreiben kann. Bei seinen Ausflügen über der Erde, wo der Maulwurf von der Schnecke über den Frosch bis zu jungen Vögeln alle Tiere frisst, die er überwältigen kann, helfen ihm sicher auch seine Augen. Viele Menschen halten den Maulwurf aber für blind. Wenn der Maulwurf auch nicht besonders gut sehen mag, blind ist er ganz bestimmt nicht. So ist auch die Redensart *„blind wie ein Maulwurf"* zu verstehen. Wenn ein Brillenträger seine Brille verliert und alles nur noch undeutlich erkennt, sieht er vermutlich so schlecht wie ein Maulwurf. Der kleine Erdwühler gleicht das durch seine anderen Sinnesorgane aus. Der Menschen macht es mit dem Verstand, indem er die Brille erfunden hat.

2
A

Bücherwurm

Einen übereifrigen Bücherleser nennt man *Bücherwurm*. Weder unter Würmern noch unter anderen Tieren gibt es etwas Vergleichbares, schließlich ist der Mensch das einzige Lebewesen, das lesen kann. Die Bücherlaus allerdings, eine harmlose Verwandte der Kopf- und Kleiderlaus, interessiert sich tatsächlich auch für Bücher. Das flügellose, nur einen Millimeter große Insekt hat zwar einen verhältnismäßig großen Kopf, aber entscheidend ist bekanntlich der Grips im Oberstübchen. Und da ist auch bei der Bücherlaus wie bei allen Insekten nicht besonders viel los. Deshalb ist es dem Winzling vollkommen gleichgültig, ob er zwischen den Seiten eines spannenden Krimis, eines heißen Liebesromans oder eines Lexikons unterwegs ist. Das Einzige wofür sich die Bücherlaus wirklich interessiert, ist ob zwischen den Seiten der Schimmel wächst. Der Zwerg ernährt sich nämlich von den Schimmelpilzen, die er bei seinen Bibliotheksbesuchen genüsslich anknabbert. Zwischen die Buchdeckel legt das Tier auch seine Eier ab, aus denen sich Bücherlausbabys entwickeln, die sich ein paarmal häuten, bevor sie schließlich erwachsen werden. Das Leben der Bücherlaus könnte so schön sein, wenn da der Bücherskorpion nicht wäre. Der ist mit einer Körpergröße von vier Millimetern im Vergleich zur Bücherlaus ein Riese. Seine acht Beine, zeigen, dass er nicht zu den Insekten, sondern zu den Spinnentieren gehört und die sind ja keine Vegetarier, sondern gefährliche Raubtiere. Das gilt auch für den einheimischen Bücherskorpion. Er stillt seinen Hunger ganz bestimmt nicht mit Buchstabensuppe und Wortsalat. Zwar hat er keinen Schwanz mit Giftstachel wie ein echter Skorpion, dafür aber zwei große Scheren, mit denen er seine Beutetiere packt, durch ein Gift lähmt, anschließend durch seine Spucke verflüssigt, um sie dann aufzusaugen. Man ahnt es schon, der Lieblingsdrink des Bücherskorpions ist Bücherlaussaft. Hat er genügend Bücherläuse gefressen, legt er zwölf Eier, für die er einen kleinen Kokon aus Seide spinnt. So spielen sich zwischen den Seiten unserer Bücher, ohne dass die meisten von uns etwas davon bemerken, Mord und Totschlag ab. Verhindern kann das ganz eigentlich nur ein *Bücherwurm*, denn beim regelmäßigen Umblättern kommt frische, trockene Luft zwischen die Seiten und das verhindert das Wachstum von Schimmelpilzen, ohne die sich die Bücherlaus nicht wohlfühlt und ohne Bücherläuse macht sich auch der Bücherskorpion aus dem Staub.

Aeneas primique
corpora sub ra
deponut
instituuntque dapes
t adorea liba
per herbar
subiciunt epu
sis - sic Iup
iter ipse moneba
et Cereale solu
pomis a
grestibus augent.
consumptis hic for
ut vertere
exiguam in Cererer
et violare manu
fatalis crusti pa
'heus, etiam
nec plu
is et auro
tum
prima
er
haec e
emis
98
ab alto

Da beißt die Maus kein Faden ab

Mäuse sind Nagetiere, zu denen auch Ratten, Eichhörnchen, Hamster, Murmeltiere, Biber, Meerschweinchen und sogar die Stachelschweine gehören. So verschieden die Nagetiere auch aussehen, allen gemeinsam sind ihre Nagezähne. Davon haben sie insgesamt vier Stück, zwei im Ober- und zwei im Unterkiefer. Die Nagezähne sind nichts anderes als Schneidezähne, die wir ja bekanntlich auch im Mund haben. Unsere Schneidezähne sind nicht besonders kräftig ausgebildet. Bei den Nagetieren aber schon. Ein Eichhörnchen kann immerhin damit eine Haselnuss öffnen, ein Biber einen Baum fällen und eine Maus ein Loch in unsere Vorratskammer nagen. Bei uns werden Milchzähne irgendwann einmal durch das Erwachsenen-Gebiss ersetzt – mit diesen Zähnen müssen wir dann ein ganzes Leben lang zurechtkommen – auch wenn unsere Zähne im Laufe eines Lebens abgenutzt werden, wachsen sie nicht nach. Das ist bei den Schneidezähnen der Nagetiere ganz anders. Was an der Spitze abgenutzt wird, wächst von unten her nach und zwar ein ganzes Leben lang. Für Nagetiere ist das besonders wichtig, da ihre Hauptnahrung Pflanzen sind, durch die Zähne besonders stark beansprucht werden, ohne nachwachsende Zähne würden sie nicht überleben. Die Nagezähne haben außen eine besonders feste Schmelzschicht und auf der Innenseite eine weichere Schicht, so dass sie beim Nagen immer wieder geschärft werden, um die Form eines Meißels zu haben. Mäuse und ihre Verwandten nagen also nicht nur, um sich zu ernähren, sondern auch, um ihre Kauwerkzeuge immer wieder nach zu schärfen. Würden sie das nicht machen, würden die Zähne nicht nur stumpf werden, sondern auch noch so lang nachwachsen, dass sie nicht mehr richtig benutzt werden können und die Nagetiere müssten dann verhungern. Aus diesem Grund sind Mäuse und ihre Verwandten ständig mit Nagen beschäftigt und es gibt wohl kaum ein Material, das verschont bleibt. Wenn also ein Schneider seinem Kunden garantiert, einen Stoff so aufzubewahren, dass die Maus keinen Faden davon abbeißt, dann muss er ziemlich gut auf den ihm anvertrauten Stoffballen aufpassen. Vielleicht ist daraus die Redensart entstanden *„da beißt die Maus keinen Faden ab"*, was so viel bedeutet, wie darauf kann man sich verlassen, die Sache ist unabänderlich, an ihr ist nicht zu rütteln.

Da tanzt der Bär

Wenn *„der Bär tanzt“*, zum Beispiel auf einem Fest, dann bedeutet das: Da ist schwer was los. In der freien Natur wurde allerdings noch nie ein tanzender Bär beobachtet. Wenn sich das größte Landraubtier unserer Erde fortbewegt, sieht das oft etwas ungeschickt und plump aus. Dabei sind Bären körperlich äußerst geschickt. Manche von ihnen legen lange Wanderungen zurück, klettern in die höchsten Baumwipfel und erweisen sich als gute Schwimmer. Aber tanzen? Früher wurden tanzende Bären auf Jahrmärkten vorgeführt. Diese Tanzbären tanzten aber nicht freiwillig. Damit sie sich zur Musik bewegten, wurden sie bereits im Babyalter ganz fürchterlich gequält. Bären gehen wie wir auf der ganzen Fußsohle, sind also Sohlengänger. Während wir unsere Fußsohle durch Schuhe schützen, sind die Füße der Bären relativ empfindlich und nutzen sich sogar ab, weshalb im Winterquartier die alte Haut an den Fußsohlen abgestoßen und durch eine neue ersetzt wird. Um die Häutung der Fußsohlen zu beschleunigen, saugen die Raubtiere kräftig daran herum. Mit seiner neuen Sohlenhaut kann das schwergewichtige Tier dann wieder eine Saison lang durch unwegsames Gebiet trotten. Der arme Tanzbär allerdings wird bereits als Baby mit ungeschützten Fußsohlen auf ein heißes Blech gestellt. Um den fürchterlichen Schmerzen zu entgehen, hebt das Tier schnell einen Fuß nach dem anderen. Dazu wird Musik gespielt. Diese Tortur wird solange wiederholt, bis der Bär gelernt hat, sich bereits beim Erklingen der Musik im „Tanzschritt“ zu bewegen. Zusätzlich wird dem armen Tier ein Ring durch die Nase gezogen, an dem eine Kette befestigt ist. Der Tanzbär folgt dann seinem Bärenführer, weil ihm der Nasenring, wenn daran gezogen wird, Schmerzen bereitet. Da Bären bis zu 50 Jahre alt werden können, haben Tanzbären ein schmerzenreiches Leben vor sich. Wenn also irgendwo tatsächlich ein Bär tanzt, dann ist das eine ganz traurige Angelegenheit und hat nichts damit zu tun, wie wir den Ausdruck *„den Bären tanzen lassen“* heute verwenden, nämlich für ein „fröhliches Spektakel veranstalten“. Die Redensart *„jemandem an der Nase herumführen“* passt schon eher zu den Demütigungen, die einem Tanzbären zugefügt werden, denn dies bedeutet, einen Menschen für so dumm zu halten, dass man alles mit ihm machen kann.

Den Kopf in den Sand stecken

Mit Sand kann man prächtig spielen, aber den Kopf hineinstecken? Igitt, welches Lebewesen macht dies um Himmels Willen freiwillig? Die Redensart geht auf den größten heute noch lebenden Laufvogel, den Strauß, zurück. Mit einer Körperhöhe von drei Metern und einem Gewicht von150 Kilogramm findet man den mächtigen Vogel nur noch in den Steppen des schwarzen Kontinents. Mit dem Körpergewicht eines japanischen Sumo-Ringers kann der Vogel natürlich nicht mehr fliegen, trotzdem ist er keineswegs hilflos. Das liegt an seinen langen Beinen, die ihn über drei Meter lange Schritte und eineinhalb Meter hohe Sprünge machen lassen. Mit 70 Stundenkilometern läuft er den meisten seiner Feinde locker davon und die Geschwindigkeit von 52 Stundenkilometern hält er eine halbe Stunde lang durch, ohne aus der Puste zu kommen. Mit seinen verkümmerten Flügeln schlägt er im Lauf noch Haken, die selbst schnellere Feinde immer wieder verwirren. Sein ausgezeichnetes Hör- und Sehvermögen lässt ihn Feinde schon aus vier Kilometer Entfernung erkennen. Aus diesem Grund ist er unter den weidenden Herdentieren Afrikas ein gern gesehener Begleiter – er wird als Wächter betrachtet, der rechtzeitig vor Raubtieren warnt. Hat sich doch einmal ein Löwe in die Nähe eines Straußes geschlichen, so kann das für den König der Steppe schnell zu einem Problem werden. Ein richtig platzierter Tritt mit einem Straußenfuß verletzt auch einen Löwen schwer oder lässt ihn einige Meter durch die Luft fliegen. Um sein Gelege zu schützen, das aus bis zu 42 Rieseneiern bestehen kann, hat der Strauß auch einige Tricks auf Lager. Dazu gehört, dass das auffälligere Männchen hauptsächlich nachts auf dem Nest sitzt. Wird ein Eierräuber rechtzeitig entdeckt, legt sich der Vogel flach, mit ausgebreiteten Flügeln und lang ausgestrecktem Hals auf sein Gelege und vertraut auf die Tarnfarbe seines Gefieders. Der Eierdieb hält ihn dann für ein vergammeltes Stück Holz und wendet sich ab. Dieses Verhalten führte zu der Annahme, der Strauß stecke bei Gefahr den Kopf in den Sand, und so entstand die Redewendung *„Den Kopf in den Sand stecken wie ein Vogel Strauß"*. Wir wenden dieses Sprichwort auf Menschen an, die eine Gefahr nicht wahrhaben möchten oder versuchen, Problemen auszuweichen. Für den Vogel Strauß trifft das sicher nicht zu. Gerade weil er die Gefahr genau erkannt hat, zeigt er sein Verhalten und wenn das alles nicht nützt, kann er seinen Gegner noch mutig mit einem gezielten Tritt in sichere Entfernung, wenn nicht sogar ins Jenseits befördern.

Den Pferden das Denken überlassen

Vor etwa 100 Jahren lebte in Deutschland der „schlaue Hans". Das war ein Hengst, der konnte Fragen durch Scharren mit den Hufen beantworten. Egal ob Fragen zur Musik oder Mathematik, der „schlaue Hans" wusste einfach alles. Mit seinen Fähigkeiten verblüffte das Tier Zuschauer wie Wissenschaftler gleichermaßen. Selbst eine Gruppe Spezialisten hatte Schwierigkeiten, das Rätsel des „intelligenten" Pferdes zu lösen, dabei handelte es sich um einen ganz einfachen Zirkustrick. Der „schlaue Hans" konnte nur Fragen lösen, wenn sein Besitzer neben ihm stand. Der signalisierte dem Tier durch unauffällige Bewegungen, wie oft es mit dem Huf zu scharren hatte. Pferde haben keinen blassen Schimmer von Deutsch, Musik oder Mathematik, und eignen sich daher überhaupt nicht als Hausaufgabenhilfe. Ihnen das Denken zu überlassen, wäre dumm. Genau genommen heißt die Redensart ja: *„Überlass das Denken den Pferden, die haben die größeren Köpfe"*. Es stimmt schon, Pferde haben ziemlich große Köpfe. Nur kann man mit einem größeren Kopf auch schon besser denken? Natürlich nicht! Das zeigt ein einfaches Beispiel. Der Kopf eines ausgewachsenen 30 Meter langen Blauwals hat die Länge eines kleinen Lieferwagens und trotzdem hat ein Wal noch nie eine Rechenaufgabe gelöst oder gar eine Rakete ins Weltall geschossen. Das liegt ganz einfach an dem Gehirn, das sich im Kopf befindet. Da nützt es dem Blauwal auch nichts, wenn sein Gehirn etwa 7 Kilogramm und das des Menschen dagegen nur um die 1,5 Kilogramm wiegt. Vergleicht man nämlich das Körpergewicht mit dem Hirngewicht, kommt man auf ein überraschendes Ergebnis. Obwohl ein Blauwal über tausendmal mehr wiegt als ein Mensch, ist sein Gehirn kaum fünfmal schwerer als ein Menschenhirn. Bei der Maus dagegen ist der Anteil des Gehirngewichts zum Gesamtgewicht des Körpers sogar größer als beim Menschen. Das aber zeigt, nicht die Schwere des Gehirns ist das Entscheidende, sondern der Aufbau des Gehirns, und da ist der Menschen allen anderen Lebewesen überlegen. Deshalb sollte man weder den Pferden noch anderen Lebewesen das Denken überlassen, sondern immer seine eigenen grauen Zellen benutzen. Das heißt aber nicht, dass Pferd, Wal und Maus nun dumm sind. Diese Tiere sind genau so intelligent, wie es für sie notwendig ist, um in der Natur überleben zu können. Zwar soll man bei der Lösung einer Rechenaufgabe nicht mit der Hilfe eines Pferdes rechnen, hat man aber beim Ausritt die Orientierung verloren, braucht man sich keine Sorgen um den Rückweg zu machen, das Pferd findet den Weg zum Stall ohne Probleme.

Der Hecht im Karpfenteich sein

Als typischer Raubfisch ernährt sich ein Hecht von Tieren. Ob es sich dabei um einen anderen Fisch, eine vorwitzige Wasserratte, eine über die Wasseroberfläche gleitende Ringelnatter, einen ahnungslosen Frosch, einen kleinen Wasservogel oder gar um seinesgleichen handelt, ist dem im dichten Pflanzengewirr lauernden Unterwasserjäger vollkommen egal. Hauptsache das Beutetier ist kleiner als er selbst. Ist das der Fall, kann der Hecht von einer Sekunde auf die andere mit einer Geschwindigkeit von fast 50 Stundenkilometern aus seinem Versteck herausschießen. Befindet sich die Beute erst einmal im Maul mit den nach hinten gerichteten Zähnen, hat sie keine Chance mehr, sich zu befreien. Nicht einmal der Hecht selbst kann dann den Leckerbissen ausspucken, selbst wenn er daran zu ersticken droht. Man kann sich also gut vorstellen, mit welcher Freude ein Hecht seinen Hunger im Karpfenteich stillt. Trotzdem setzen Fischzüchter immer wieder Hechte in ihre Karpfenbecken. Allerdings wenden sie dabei einen Trick an. Die Hechte müssen immer kleiner sein als die Karpfen. Unter dieser Bedingung lässt der Hecht die wertvollen Speisefische in Ruhe und muss sich von anderen Weißfischen ernähren. So haben die Karpfen weniger Nahrungskonkurrenten und nehmen schneller an Gewicht zu. Aber das hat mit der Redewendung *„der Hecht im Karpfenteich sein“* natürlich überhaupt nichts zu tun. Darunter versteht man nämlich einen Menschen, der in eine träge Gruppe neuen Schwung hineinbringt. So kann ein Auswechselspieler, der kurz vor Ende des Fußballspiels auf das Spielfeld kommt und dort die müde Mannschaft noch einmal aufmischt, auch zum sprichwörtlichen *Hecht im Karpfenteich* werden. In See und Fluss ist der Hecht für die Karpfen noch auf eine ganz andere Art und Weise wichtig. Da ein Hecht ein recht schlechter Schwimmer ist, verfolgt er seine Beute nicht, sondern lauert ihr auf und muss sie beim ersten Angriff schnappen. Deshalb ernährt sich der Hecht in der Natur bevorzugt von alten, kranken und schwachen Karpfen, da sie sich leichter fangen lassen. Das aber wiederum ist gut für die Karpfenkolonie, in der sich dann Krankheiten schlechter ausbreiten können. Dank der Hechte erfreuen sich die Karpfen so bester Gesundheit und manche können dabei uralt werden. Aus dem ehemaligen kleinen Raubfisch wird irgendwann natürlich ein alter, schwerer, erfahrener Hecht. Unter den Menschen allerdings ist ein *„toller Hecht“* ein echter Draufgänger.

BIBA
FISCH

Die Kröte schlucken müssen

Wer glaubt, „*Kröten schlucken*“ sei so eine schräge Idee, um ins Guiness-Buch der Rekorde zu kommen, hat sich gründlich geirrt. In unserem Sprachgebrauch bedeutet „*eine Kröte schlucken*“, etwas ziemlich Unangenehmes hinnehmen zu müssen. Wer sich also darauf gefreut hat, in der A-Mannschaft mitzuspielen, dann aber auf der Reservebank sitzen bleiben muss, der hat *eine Kröte zu schlucken*. Aber ist es wirklich so unangenehm, eine richtige Kröte zu verschlucken? Kröten zählen zu den Amphibien, wie auch Frösche und Molche. Alle diese Tiere leben immer oder vorübergehend im Wasser und sind auf eine ständig feuchte Haut angewiesen. Im Gegensatz zu uns atmen sie nämlich auch mit ihrer Haut. Unsere einheimische Erdkröte nimmt ein Viertel des gesamten Sauerstoffs, den sie zum Leben benötigt, durch die Haut auf. Diese Hautatmung funktioniert allerdings nur, wenn die Körperoberfläche ständig feucht bleibt. Auf einer feuchten Haut können sich aber besonders gut Bakterien und andere Kleinstlebewesen vermehren. Was gut für die Bakterien ist, ist ziemlich schlecht für die Krötenhaut. Deshalb sitzen in der Krötenhaut viele kleine Drüsen, bei einem Laubfrosch zum Beispiel pro Quadratmillimeter 130 Schleimdrüsen. Der Schleim enthält Stoffe, von denen es den Bakterien ziemlich übel wird und sie können sich aus diesem Grund schlecht vermehren. Natürlich wäre so eine fette Kröte auch ein ziemlich guter Leckerbissen für andere Tiere. Wird unsere Erdkröte angegriffen, macht sie sich richtig groß, um den Angreifer zu erschrecken. Hat diese Drohhaltung keinen Erfolg, setzt die Erdkröte noch ihre Geheimwaffe ein. In Augennähe sieht man auf jeder Seite des Kopfes zwei dicke Wülste. Darin befinden sich Giftdrüsen, die bei Gefahr ein milchiges Sekret bilden, das so gefährlich ist, dass es das Herz des Angreifers lähmen kann. Um diese starke Wirkung zu entfalten, müsste es aber in die Blutadern des hungrigen Feindes kommen. In der Natur geschieht das selten, weil die Kröte wegen des unangenehmen Schleimes von vielen Tieren gemieden oder von ihrem Feind sehr schnell wieder ausgespuckt wird. In Südamerika gibt es sogar Frösche, deren Gift so stark ist, dass es von den Indianern zur Vergiftung ihrer Pfeile verwendet wird. Kröten sind also kein schlechtes Beispiel für das, was die Redensart ausdrücken möchte. Müsste man sie wirklich schlucken, wären sie eine ziemlich bittere Pille und während man die Kröte in der Redensart immer schlucken muss, würde man sie in Wirklichkeit schnell wieder ausspucken.

ITALIA
LIEBE IDA
ICH
VERLAS-
SE DICH
WEIL
BIST

Die Ohren hängen lassen

Mit 29 Zentimetern Ohrlänge hält ein englischer Hund der Rasse Basset derzeit den Weltrekord unter den Schlappohrträgern. Unter den Wildtieren werden wir vergeblich nach Hängeohren suchen. Das hat seinen guten Grund. Schließlich sind die Ohren zum Hören da, und die Ohrmuschel hat die Aufgabe, Geräusche aufzufangen. Deshalb haben die Giraffen, Rehe und auch unsere Hausmaus Ohrmuscheln, die an eine der Länge nach aufgeschnittene Tüte erinnern. Diese Lauscher sind beweglich und können so in die Richtung gelenkt werden, aus der das Geräusch kommt. Das ist natürlich gut, um Feinde rechtzeitig zu erkennen. Den Raubtieren wie Löwe, Fuchs oder Katze helfen die beweglichen Ohrmuscheln dagegen, ihre Beutetiere schon durch die leisesten Geräusche zu finden. Ohrmuscheln sind aber nicht nur zum Hören da, sondern sie dienen auch noch der Verständigung der Tiere untereinander. Ein bekanntes Beispiel sind die Wölfe. An der Stellung der Wolfsohren können Artgenossen gut erkennen, wie ihr Nachbar gerade gelaunt ist. Wer die Ohrensprache versteht, weiß, ob der Wolf heute Morgen gut drauf oder wütend ist oder gar Angst hat. Der Mensch hat zwar auch Ohrmuscheln, kann sie aber wegen der verkümmerten Muskeln nicht mehr bewegen. Wenn Hund oder Katze aufmerksam lauschen, richten sie ihre Ohren auf. Während Tiere mit aufrechten Ohren als besonders wach, munter und gesund gelten, deuten hängende Ohren eher auf das Gegenteil hin. Das alles kommt auch in unseren Redensarten *„die Ohren spitzen"* für aufmerksames Lauschen, *„die Ohren steif halten"* für den Mut nicht verlieren und *„die Ohren hängen lassen"* für niedergeschlagen sein zum Ausdruck. Etwas kann man aber auch an unseren Ohren erkennen. Schämen wir uns oder sind wir verlegen, strömt mehr Blut durch die Blutadern in unseren Kopf, ohne dass wir es beeinflussen können. Wir erröten. Besonders deutlich wird das dann an den Ohren. Das hat zu der Redensart *„rote Ohren bekommen"* geführt und bedeutet, sich zu schämen. Schlappohren treten nur bei Haustieren auf und wären in der Natur nur hinderlich. Hund, Schaf, Schwein und Kaninchen könnten alle ein Lied davon singen. Ihre Hängeohren sind erst durch die Züchtung vom Wildtier zum Haustier entstanden. Hängende Ohren können das Hören verschlechtern, schleifen auf dem Boden, schlackern vor den Augen herum, sind leicht verletzbar, machen die Verständigung schwieriger und bieten allerlei Parasiten ideale Versteckmöglichkeiten. Für die Hängeohren der Haustiere könnte der Mensch also schon einmal *rote Ohren* bekommen.

Die Ratten verlassen das sinkende Schiff

Ratten sind Nagetiere und somit Verwandte der Mäuse und Eichhörnchen, was haben sie also auf einem Schiff verloren? Ist die Hausratte nicht auf Dachböden und die Wanderratte in der Kanalisation zu Hause? Natürlich und zwar schon seit sehr langer Zeit, schließlich sind Ratten treue Begleiter des Menschen. Eigentlich sind sie richtige Haustiere, allerdings unerwünschte. Nicht nur unerwünscht, sondern auch gefährlich, weil sie die Nahrungsvorräte des Menschen plündern und gleichzeitig auch noch verschiedene Krankheiten übertragen können. Die bekannteste davon ist die Pest, an der zwischen 1347 bis 1352 ein Viertel der Bevölkerung Europas gestorben ist. Die Überlebenskünstlerin Ratte hat sich mit dem Menschen über die ganze Erde verbreitet. So fühlen sich Wanderratten und Hausratten auch auf Schiffen ausgesprochen wohl. Dort leben sie nicht in der Kapitänskabine, sondern in den verzweigten Kammern des Schiffsbauchs, wo die Allesfresser immer ausreichend Nahrung haben und genügend Platz für den Nestbau finden. Wird so ein Schiff allerdings undicht, verlassen die als sehr vorsichtig bekannten Tiere den klapprigen Kahn nicht erst, wenn er sinkt, sondern bevor er aus dem Hafen ausläuft. Die Ratten wurden so zu Vorboten für kommende Schiffsunglücke. Die Redensart *„die Ratten verlassen das sinkende Schiff"* verwendet man im übertragenen Sinn für Situationen, in denen Menschen eine Gemeinschaft verlassen, wenn diese von einem Unglück bedroht ist. Ratten sind aber mehr als nur lästige Mitbewohner, Krankheitsüberträger und Vorbilder für Redensarten. Die possierlichen Tiere können auch nützlich sein. Die weiße Ratte, die von der Wanderratte abstammt, ist zu einem beliebten Heimtier geworden. Daneben ist sie ein wichtiges Labortier. Die Verwendung von Ratten für Experimente ist aber heute sehr umstritten und zieht einen *„Rattenschwanz von Problemen"* nach sich. Der lange Rattenschwanz ist also gleichzeitig ein Bild für Fragen und Probleme, die eine Entscheidung nach sich zieht.

Ein Mensch, der gerne schwimmt wird *„Wasserratte"* genannt. Wer sich eher auf dem Land wohl fühlt, gilt als *„Landratte"*. Jemanden, der gerne liest, bezeichnet man als *„Leseratte"*. Diese Wasser-, Land- und Leseratten haben aber nichts mit dem Nagetier zu tun, sondern leiten sich von der englischen Sprache her, wo der Mensch früher auch als „rat" bezeichnet wurde.

RUGUL

Die Spatzen pfeifen es von den Dächern

Haussperlinge, auch Spatzen genannt, finden sich überall, wo Menschen sind. Zum Beispiel im Supermarkt, auf dem Regal mit den Zuckertüten kann einer dieser graubraunen, unscheinbaren Vögel sitzen und so lange an einer Verpackung herumzupfen, bis der süße Stoff aus einer kleinen Öffnung herausrieselt. Wie der Vogel in den Supermarkt hineingekommen ist, bleibt ein Geheimnis seines *Spatzenhirns*, das von uns Menschen als Redewendung für jemand besonders dummen verwendet wird. Das ist ziemlicher Humbug, denn gerade die Spatzen haben sich Dank ihres Spatzenhirns als ziemlich clever erwiesen und wie der Mensch inzwischen die gesamte Erde besiedelt. Spatzen benötigen nicht viel, hier ein Körnchen und da einen Brosamen und schon sind sie satt. Diese Genügsamkeit hat auch zu einer Redensart geführt. *„Das Kind isst ja wie ein Spatz“*, ist ein beliebter Ausruf von Omas und Opas, wenn der Enkel wieder einmal mit sehr wenig Appetit vor dem gefüllten Teller sitzt. Als geselliges Tier versammelt der Spatz gerne seine Artgenossen um sich, was mit Hilfe seiner Stimme ganz gut klappt, wobei die Konzerte verschiedene Bedeutung haben können. Mit ihren Schilp-SMS rufen sich Spatzen gegenseitig herbei, teilen sich mit, wo es was zu fressen gibt, ob Gefahr droht oder Hilfe gebraucht wird. Sie informieren sich also gegenseitig über den neusten Stand der Dinge. Das stimmt nicht genau mit unserer Redewendung *„die Spatzen pfeifen es von den Dächern“* überein. Wir verstehen darunter nämlich eine Botschaft, die so alt und bekannt ist, dass sie eigentlich schon jeder kennt. Ein anderer Begriff, der auf den Haussperling zurückgeht, ist der Dreckspatz. Das hängt wahrscheinlich mit den Jungvögeln zusammen, die etwa 14 Tage im Nest bleiben und dabei ihren Kot über den Nestrand aus dem Nest spritzen. Eigentlich eine ziemlich saubere Angelegenheit, bedenkt man einmal, dass kein Menschenbaby seine Windeln selbst wechselt. Sind schon die Jungvögel keine Nestbeschmutzer, so sind die erwachsenen Spatzen sogar besonders reinliche Tiere. Sie baden nicht nur gerne im Wasser, sondern nehmen auch Staubbäder, um lästiges Ungeziefer zwischen ihren Federn los zu werden. Tiere, die so eng mit dem Menschen zusammenleben wie der Spatz, nennt man Kulturfolger und es ist nicht verwunderlich, dass viele ihrer Eigenschaften in unsere Sprachkultur eingegangen sind, auch wenn unsere Redensarten nicht immer mit der Wahrheit übereinstimmen.

Diebisch wie eine Elster

Wer stiehlt, was man nur stehlen kann, *„klaut wie eine Elster"*, heißt es in der Redewendung. Viele Geschichten, in denen eine *diebische Elster* eine Rolle spielt, bestätigen diesen Glauben immer wieder. Nur, stimmt das mit den Beobachtungen in der Natur überein? Elstern leben in unserer unmittelbaren Umgebung und fallen schon von Ferne durch ihr schwarz-weißes Gefieder auf. Aus der Nähe betrachtet, schillert das Schwarz, aber je nach Lichteinfall mal mehr in blauen, dann wieder in grünen Farbtönen. In bestimmten Jahreszeiten sind die Vögel auch schon von Weitem an ihrem Gekrächze zu erkennen. Ihr Nest allerdings bauen sie gut versteckt in den höchsten Wipfeln der Bäume und fliegen es nur an, wenn sie sicher sind, nicht beobachtet zu werden. Im Herbst und Winter sind Elsternnester jedoch leicht zu erkennen. Sie bestehen aus einer Plattform, auf der aus Schlamm eine Nestmulde geformt wird. Darüber kommt ein kugelförmiges Dach aus Ästen. Das Nest, das wie ein unordentlicher Reisighaufen aussieht, besitzt mindestens einen Eingang. Ist das die Diebeshöhle, in der die diebische Elster ihr Diebesgut versteckt? Die Vogelforscher sagen nein! Elstern gehören mit den Krähen, Raben, Dohlen und Eichelhähern zu den Rabenvögeln. Die zeichnen sich durch eine Besonderheit aus – sie legen Verstecke für ihre Nahrung an. Bei jungen Elstern, besonders bei zahmen Vögeln, konnte man beobachten, dass sie die verschiedensten Gegenstände, wie Steinchen, Glasscherben oder Nägel sammelten und versteckten. Die als Dieb verschriene Elster entpuppt sich also als verspielter Vogel, der sich bei seinen Spielereien aus reiner Entdeckerlust und Neugierde sowohl mit silbernen Löffeln als auch mit unscheinbaren Holzstöckchen beschäftigt. Eine Elster wurde schon dabei beobachtet, wie sie Regenwürmer in einer Kaffeekanne versteckte. Was wie ein Raubzug aussieht, ist also nur ein Spiel, bei dem das Verstecken von Vorräten für den Ernstfall geübt wird. Man kann sich nun auch vorstellen, dass die Redensart *„stehlen wie die Raben"* einen ähnlichen Ursprung hat, schließlich sind Elstern und Raben miteinander verwandt.

Ein blindes Huhn findet auch mal ein Korn

Ein Hühnerküken, das eben aus dem Ei ausgeschlüpft ist, macht zunächst einen etwas erschöpften Eindruck. Das ist verständlich, schließlich hat es sich ohne Hilfe aus dem zu eng gewordenen Ei befreien müssen. Im Vergleich zu manch anderen Vogelbabys ist es aber ziemlich fit. Es ist nicht blind, sondern seine Augen sind bereits geöffnet, und es ist auch nicht nackt, denn es besitzt schon ein Daunenkleid. Das ist zwar kurz nach dem Ausschlüpfen noch nass, aber kaum getrocknet, wärmt es das Küken wie ein guter Wintermantel. Da Hühnerküken Nestflüchter sind, können sie bereits laufen und dem ersten Ausflug steht nichts mehr im Weg. Es ist klar, Ausflüge machen durstig und hungrig. Nur, das Küken hat nicht die geringste Ahnung, womit es seinen Durst löschen und seinen Hunger stillen könnte. Aber da hat die Natur schon vorgesorgt. Alles was glänzt, könnte ein Wassertropfen sein, bei kleinen Körnchen handelt es sich möglicherweise um leckere Samen, und längliche Gegenstände sind vielleicht schmackhafte Würmer. Kann sein, muss aber nicht. Das merkt das Küken spätestens dann, wenn es nach den glänzenden Augen und den länglichen Zehen seiner Geschwister pickt, weil es dahinter Wassertropfen und Würmer vermutet. Auf diese Weise kann das Küken lernen, was genießbar ist und was nicht. Dazu gibt es noch eine Hauslehrerin. Das ist die Glucke. Scharrt sie auf dem Boden herum und fängt plötzlich an zu picken, rennen alle Küken so schnell sie können dort hin. In der Hühnersprache heißt das nämlich so viel wie „zu Tisch, Essen ist fertig“. Mit dem genauen Picken tut sich ein Küken an seinem ersten Lebenstag allerdings schwer. Ein Forscher, der es genau wissen wollte, schlug einen Nagel in ein Brett. Von den hungrigen Küken wurde der Nagelkopf mit Futterkörnchen verwechselt, und sie pickten kräftig nach ihm. Nur getroffen haben sie ihn nicht. 24 Mal musste ein Küken picken, bis es einmal „ins Schwarze traf“, nämlich den Nagelkopf. Aber schon am dritten Lebenstag hatte sich das Ergebnis verbessert, was bewies, dass es einfach eine bestimmte Zeit dauert, bis Augen, Gehirn und Muskeln richtig zusammenarbeiten. Völlig aussichtslos ist die Futtersuche, wenn das Tier erblindet. Verbindet man einem Huhn die Augen, pickt es überhaupt nicht mehr auf den Boden. Es findet also gar kein Korn mehr, auch nicht mit Glück, wie es die Redensart behauptet, die wir benutzen, wenn wir ausdrücken wollen, dass selbst dem Unfähigsten noch etwas gelingen kann.

Ein dickes Fell haben

Säugetiere haben eine Körpertemperatur, die immer gleich bleibt, egal ob es Sommer oder Winter ist. Polarfüchse, Moschusochsen und Yaks können dank ihres Fells Außentemperaturen von -50 Grad und mehr ohne Probleme überstehen, obwohl ihre Körper immer die gleichen Körpertemperaturen aufweisen. Das ist aber nur durch das Fell möglich, das für die Wärmeisolierung zuständig ist. Deshalb bekommen viele Tiere, bevor der kalte Winter beginnt, bereits im Herbst ein extra Winterfell. Bei diesem Fell sind die Haare besonders lang und oft auch dichter und neben den normalen Haaren wächst direkt über der Haut noch eine Schicht extra feiner Unterwolle. Es sind aber nicht die Haare, die den Tierkörper isolieren, sondern Luftpolster, die sich zwischen den Haaren befinden, sorgen dafür, dass der Körper nicht auskühlt. Das kann man leicht in einem einfachen Experiment überprüfen. Man nimmt zwei gleich große Gefäße, die mit heißem Wasser gefüllt sind. Bevor man nun mit einem Thermometer misst, wie schnell das Wasser in den beiden Behältern abkühlt, umwickelt man eines der Gläser mit einem Stück Tierfell. Wiederholt man das Experiment noch einmal, macht aber den Pelz nass, kann man leicht feststellen, wie jetzt die Isolierwirkung des Fells verschwindet. Das liegt ganz einfach daran, dass in einem nassen Fell für Luft kein Platz mehr ist. Aus diesem Grund können sich Eisbären, die sich viel im kalten Wasser aufhalten, auch nicht nur auf die Wärmeisolierung ihres Fells verlassen, sondern haben darüber hinaus eine dicke Fettschicht unter der Haut. Im Extremfall, wie bei den Walen, ist das Fell bis auf wenige Haarreste ganz verschwunden. Dafür besitzen diese Wale zur Wärmeisolation eine besonders dicke Fettschicht. Dass Wale von Tieren mit einem Fell abstammen, zeigt die Entwicklung der Walbabys im Mutterleib. Die besitzen nämlich in einer bestimmten Entwicklungsphase noch ein Fell, das aber wieder verschwindet. Auf dem Land ist ein Fell zum Schutz vor Wärmeverlust allerdings unübertroffen. Damit die haarige Schutzschicht nicht so leicht nass wird, können die Haare durch kleine Drüsen an den Haarwurzeln eingefettet werden.

Ein Mensch, mit seiner verkümmerten Körperbehaarung, muss, um die Kälte zu überleben, dicke Kleider tragen. Trotzdem kann er ein *„dickes Fell“* haben. Unter einem dickfelligen Menschen versteht man allerdings nicht jemand mit dichtem Brusthaar, sondern eine Person, der selbst der größte Ärger nichts ausmacht.

Eine Krähe hackt der anderen kein Auge aus

In einer Fabel legte sich ein Fuchs, der einmal Appetit auf eine leckere Krähe hatte, auf eine Wiese und stellte sich tot. Er wusste, dass Krähen als Allesfresser natürlich auch Aas nicht verschmähen. Schon bald kam eine Saatkrähe herbeigeflogen, landete und näherte sich zu Fuß vorsichtig der fetten Beute. Doch noch ehe der Fuchs zuschnappen konnte, schrie er vor Schmerz auf und suchte sein Heil in der Flucht. Was war passiert? Die Krähe hatte den Fuchs in das Auge gepickt. Diesen Trick wenden Krähen nicht nur in Fabeln an, sondern auch in der Wirklichkeit. 1961 konnte ein russischer Tierfilmer eine Krähe in der Natur bei der Anwendung dieser Vorsichtsmaßnahme beobachten und sogar filmen. Wenn Krähen ein totes Tier aufspüren, egal ob Fuchs, Schaf oder Kaninchen – so picken sie mit ihrem kräftigen Schnabel zuerst in die Augen. Wie die Geschichte zeigt, ist das kein schlechter Test, um festzustellen, ob das Tier wirklich tot ist. Aber nicht nur bei ihren Beutetieren ist das Auge das Ziel des ersten Schnabelhiebs. Auch dann, wenn eine Saatkrähe angegriffen wird, verteidigt sie sich, indem sie mit ihrem spitzen Schnabel auf das empfindliche Auge des Feindes zielt.

Wenn Krähen sich untereinander streiten, dann geht es auch heiß her. Da wird mit allen Mitteln gekämpft. Die Vögel prallen mit ihren Vorderseiten aufeinander, schlagen mit den Flügeln, treten sich mit ihren Füßen und fechten mit den Schnäbeln, da können schon einmal die Federn fliegen. Jedoch bei Kämpfen mit Artgenossen wenden sie ihre gefährlichste Kampftechnik, ins Auge picken, nicht an. Ja, sie verhalten sich sogar richtig fair. Spürt einer der Streithähne, dass er der unterlegene ist, dann zeigt er das Verhalten eines Krähenkükens. Der Verlierer sperrt den Schnabel auf, aus dem Piepslaute herauskommen, wie bei einem Küken, das um Futter bettelt. Dieses kindliche Verhalten aber ist das Zeichen für „Spielstopp“. Der Streit ist beendet und keiner ist ernsthaft verletzt. *Eine Krähe hackt der anderen also wirklich kein Auge aus.* Was bedeutet aber jetzt diese Redensart? Eigentlich ganz einfach. Freunde halten untereinander zusammen. Natürlich kann es auch in einer Clique einmal zu Zwistigkeiten kommen, aber man streitet sich in einem Freundeskreis anders als mit Mitgliedern einer anderen Gruppe, wo es schon einmal härter zur Sache gehen kann. Dennoch wäre auch in so einem Fall das „Auge auszustechen“ kein guter Ansatz, denn als Mensch besitzt man ja mit Hilfe der Sprache ganz andere Mittel um seinem „Feind“ einen Hieb zu versetzen.

ACETO

Eine Schwalbe macht noch keinen Sommer

„Wann wird's denn endlich wieder Sommer?", fragen sich nicht nur zu unserer Zeit die Menschen jedes Jahr, sondern zu allen Zeiten war dies eine wichtige Frage. Während es uns heute darum geht, endlich wieder ins Freibad gehen zu können, war das Wissen um den Beginn der Jahreszeiten früher lebenswichtig. Schließlich war es die Voraussetzung für die Bauern, zum richtigen Zeitpunkt mit ihren verschiedenen Arbeiten zu beginnen. Nur wer im geeigneten Moment sät und die Pflanzen richtig pflegt, kann mit einer guten Ernte rechnen. Daher war der Mensch früher, als es noch nicht so viele technische Hilfsmittel gab, auf die genaue Beobachtung der Natur und ihrer sich wiederholenden Gesetzmäßigkeiten angewiesen. Dazu gehört natürlich der Vogelzug, denn die Vögel ziehen zu einem bestimmten Zeitpunkt in den Süden und erscheinen ziemlich zuverlässig wieder im nächsten Jahr. Ein solcher Zugvogel ist die Rauchschwalbe, die den Winter in Afrika verbringt. Wenn sie Ende März, Anfang April wieder in Süddeutschland auftaucht, dann hat sie eine gefahrvolle Reise von fast 10 000 Kilometer hinter sich. Von 100 Vögeln, die im Herbst wegziehen, kommen nur etwa 60 wieder. Neben der Gefährdung durch den Menschen sind die Rauchschwalben durch Witterungsbedingungen bedroht, schließlich müssen sie auf ihrer Rückreise die Wüste Sahara überqueren. Auf ihrem Rückweg fliegen die Rauchschwalben daher nur in kleinen Gruppen von 10 bis 20 Tieren. Durch diesen Trick sind die Verluste durch Sandstürme geringer. Natürlich trudeln die Vögel dann bei uns auch ziemlich nacheinander ein. Manche erscheinen schon recht früh im Jahr, selbst dann, wenn es noch einmal kalt werden kann. Rauchschwalben macht so eine Schlechtwetterperiode wenig aus, da sie echte Hungerkünstler sind. Die erste Rauchschwalbe ist also ungeeignet als Sommeranzeiger. Darauf weist schon eine Fabel des Geschichtenerzählers Äsop aus dem 6. Jahrhundert hin. Er berichtet von einem jungen Mann, der beim Anblick der ersten Schwalbe seinen Mantel verkauft, weil er glaubt, die kalte Jahreszeit sei endgültig vorbei, und dann von einem Kälteeinbruch überrascht wird. Genau das meint im übertragenen Sinne auch die Redensart *„Eine Schwalbe macht noch keinen Sommer"*. Zum Beispiel: Wenn ein schlechter Schüler einmal eine gute Note im Rechnen schreibt, dann ist das zwar ein hoffnungsvolles Zeichen und Anlass zur Freude, aber noch lange keine Garantie dafür, dass er nun ein Mathe-Champion geworden ist.

Eine Wespentaille haben

Die *Wespentaille* gehört wohl zum Idealbild eines Frauenkörpers, denn schon 2600 Jahre vor Christus gab es auf der Insel Kreta eine Frauenmode, bei der die Taille besonders eingeschnürt wurde. Wespen und andere Insekten haben allerdings von Natur aus die sprichwörtliche *Wespentaille*, was an ihrem Körperbau liegt. Alle Insekten bestehen eigentlich nur aus drei Körperabschnitten. Dazu gehören der Kopf, die Brust und der Hinterleib. Im Kopf befindet sich natürlich der Mund, die Augen, ein paar Fühler zum Riechen und so etwas wie ein klitzekleines Gehirn. Das war es dann auch schon. Am nächsten Abschnitt, der Brust, sind die sechs Insektenbeine angebracht und zwei oder vier Flügel befestigt. Damit die Tiere auch ordentlich krabbeln und auf und davon fliegen können, brauchen sie noch einen Motor, der Beine und Flügel bewegt. Das machen die Muskeln. Das Innere des Brustabschnitts ist hauptsächlich ausgefüllt mit dem Muskelmotor. Im Hinterleib sind dann noch die Geschlechtsorgane, der Darm, die Ausscheidungsorgane sowie ein langes Herz untergebracht, das die Form eines Gartenschlauchs hat. Damit der Kopf immer weiß, was im Hinterleib passiert, und der Hinterleib erfährt, was der Kopf von ihm möchte, zieht sich auf der Bauchseite ein Nervenkabel durch den ganzen Insektenkörper, das ein bisschen an eine Strickleiter erinnert. Dann gibt es noch ein Röhrensystem, das frische Luft ansaugt und in den Muskeln den lebenswichtigen Sauerstoff verteilt. Bei der Wespe liegt im Hinterleib noch der gefürchtete Stachel, der mit einer Giftdrüse verbunden ist und als Jagdstachel und Wehrstachel eingesetzt wird. Bienen, Wespen und Hornissen stechen also zur Jagd, als Abwehr oder wenn ihr eigenes Leben in Gefahr ist. Dabei haben Wespen und Hornissen, weil ihr Hinterleib nur durch einen ganz dünnen Stiel, die berühmte *Wespentaille,* mit dem übrigen Körper verbunden ist, einen großen Vorteil. Ihr Hinterleib ist dadurch besonders beweglich, und sie können die Stachel sehr geschickt einsetzen, ja sogar im Vorbeifliegen zustechen. Für die Wespen ist ihre *Wespentaille* also lebenswichtig, für den Menschen dagegen nicht. Ganz im Gegenteil, die Korsetts, mit denen sich Frauen früher die berühmte *Wespentaille* zurecht schnürten, haben nicht selten zu Ohnmachtsanfällen und heftigen Bauchschmerzen geführt.

Es ist zum Mäusemelken

Obwohl alle Säugetierweibchen Milch in ihrem Körper herstellen, stammt die weiße Flüssigkeit, die wir täglich trinken, gewöhnlich von der Kuh. Zwar werden auch Schaf, Ziege, Büffel, Pferd, Esel, Kamel, Dromedar oder sogar Lama wegen ihrer Milch gemolken, aber alle diese Tiere liefern nicht so viel Milch wie eine Kuh, die pro Tag etwa 30 Liter, im ganzen Jahr ungefähr gut 10 000 Liter Milch gibt. Spitzenkühe schaffen sogar 60 Liter Milch an einem Tag. Das war natürlich nicht immer so, denn auch die Kuhmilch diente ursprünglich einmal dazu, die Kälbchen zu ernähren. Die Wildrinder, die Vorfahren unserer Hausrinder, gaben nur dann Milch, wenn sie Junge hatten. Erst der Mensch hat aus den Wildrindern Haustiere gezüchtet, die uns inzwischen mit so großen Milchmengen versorgen, dass wir sie schon gar nicht mehr trinken können. Die Milchmenge einer Kuh ist zwar beeindruckend, aber den Rekord unter den Haustieren hält doch die schmächtige Ziege. Die Ziege liefert nämlich in einem Jahr zwölfmal so viel Milch wie sie wiegt, während es die Kuh nur auf das siebenfache ihres Körpergewichts bringt. Ein Blauwalweibchen bildet pro Tag über 500 Liter einer besonders fetthaltigen Milch, die das Walbaby an einem Tag um 100 Kilogramm zunehmen lässt. Man kann es schon an den fünf Fingern abzählen, dass die kleine Maus nur wenig Milch produziert und auch nur dann, wenn sie Junge hat. Um genau zu sein, die Mäusejungen müssen mit einem Achtel Fingerhut voll Milch auskommen. Für einen Liter Mäusemilch müsste man ungefähr 4000 Mäuse melken. Da das Melken einer Maus etwa 30 Minuten dauert, wäre ein einzelner Mensch damit fast 2000 Stunden beschäftigt, aber auch nur dann, wenn er eine Spezialmelkmaschine für Mäuse hätte. *„Mäuse melken“* ist also eine ziemlich unsinnige Angelegenheit und genau das drückt die Redewendung auch aus. Dennoch hat man erst kürzlich aus Mäusemilch einen Impfstoff gegen die gefährliche Tropenkrankheit Malaria entwickelt. Zurzeit wirkt das Medikament allerdings nur bei Affen. Sollte es tatsächlich auch die Menschheit vor Malaria schützen, kann man den Stoff natürlich nicht mehr aus Mäusemilch gewinnen, schließlich kostet ein Liter Mäusemilch etwa 20 000 Euro.

10 l

Faultier

Ein menschliches, also sprichwörtliches *Faultier* ist wohl allen bekannt. Man muss sich nur ein paarmal erfolgreich vor irgendeiner Arbeit drücken und schon kommt man in den Ruf, ein Faultier zu sein. Während menschliche *Faultiere* inzwischen über die gesamte Erde verbreitet sind, findet man das Vorbild aus dem Tierreich nur noch in Süd- und Mittelamerika. In seinem 23jährigen Leben lässt so ein Faultier die Tage gemächlich verstreichen. Fünfzehn Stunden des Tages verbringt das Tier dösend hoch oben in den Baumkronen. Mit seinen bis zu sieben Zentimeter langen Krallen an Fingern und Zehen hängt es dort wie seine eigene Hängematte. Wegen der überwiegend hängenden Lebensweise ist das Faultier das einzige Säugetier, das seinen Haarscheitel auf dem Bauch trägt. Das macht auch Sinn, denn an den vom Bauch zum Rücken hängenden Haaren läuft das Regenwasser gut ab. Faultiere haben in der Natur ein grünlich schimmerndes Fell, wodurch sie im Blättergrün besonders gut getarnt sind. Die Pelzfarbe kommt von grünen Algen, die sich in den Rillen der Haare eingenistet haben. Gewöhnlich frisst das Tier Blätter, die ihm geradezu in den Mund wachsen, gibt es nichts zu fressen, kann der genügsame Faulenzer auch ganz gut fasten. Das kurzsichtige Faultier kann ohne Aufwand seinen Kopf sowohl nach links als auch nach rechts um fast 180 Grad drehen. Wer von nährstoffarmen Blättern lebt, muss sparsam mit seinen Kräften umgehen. Das führt zu einem langsamen Herzschlag, einer Körpertemperatur von 24 bis 33 Grad und zu einer langsamen Denkweise. Zum Besuch seiner Toilette muss der Baumbewohner auf den Boden klettern, wo er nur mühsam vorwärts kommt, und daher nach Erledigung seines Geschäfts, so schnell er eben kann, wieder auf den nächsten Baum steigt. Dort döst das lebende Energiesparmodell wieder eine Runde vor sich hin. Die Trägheit des Faultiers ist ein biologischer Trick, mit dem diese Tierart immerhin schon 40 Millionen Jahre auf der Erde überleben konnte. Es gab auch Riesenfaultiere, von denen manche die Größe eines Elefanten hatten. Diese XXXL-Faultiere lebten aber auf dem Boden. Manche von ihnen sollen sogar vom Menschen wie Haustiere in Höhlen gehalten und von Zeit zu Zeit geschlachtet worden sein. Die letzten Riesenfaultiere verschwanden vor etwa 10 000 Jahren von der Erde. Gut möglich allerdings, dass sich noch ein paar Exemplare in menschlicher Gestalt erhalten haben.

Fleißig wie die Bienen

Will man den Begriff Bienenfleiß versteht, muss man sich nur einmal an einem warmen Sommertag vor einen Bienenstock stellen. Von den 60 000 Bienen eines Volkes können bis zu 50 000 als Sammelbienen unterwegs sein. Dabei herrscht ein Flugbetrieb, wie auf keinem Flughafen der Welt. Bevor eine Biene aber zum ersten Mal den Bienenstock verlässt, um Nektar und Blütenstaub zu sammeln, hat sie bereits 21 Tage lang die verschiedensten Aufgaben im stockdunklen Bienenstock ausführen müssen. Zu den wichtigsten Arbeiten gehören das Putzen der Zellen, das Füttern der Larven, das Wabenbauen und Wacheschieben am Flugloch. Erst die letzten 14 Tage ihres Lebens ist die Biene als Sammelbiene tätig. Während dieser Zeit sind die Bienen unterwegs, um Nektar aus den Blüten zu saugen, auf den sie ziemlich scharf sind. Der Nektar ist natürlich noch lange kein Honig, sondern nur eine durch Zucker süße Flüssigkeit. Die Biene nimmt den Blüten-Softdrink mit ihrer Zunge auf und speichert ihn in ihrem Honigmagen. Ist dieser mit Nektar gefüllt, gibt die Sammlerin im Bienenstock ihre Nektarernte an Innendienstbienen ab. In deren Honigmagen bleibt der Nektar eine bestimmte Zeit, wird mit Säften aus dem Bienenkörper vermischt und verwandelt sich so allmählich in Honig, der in den Zellen der Waben als Nahrung für den Winter aufbewahrt wird. Bei ihrer zum Überleben so wichtigen Futtersuche sind die Bienen sehr geschickt. Um sich mitzuteilen, wo es Nektar gibt, verständigen sie sich durch eine eigene Tanzsprache. So erfahren die Bienen, in welche Richtung sie wie weit fliegen müssen, um auf Blüten mit Nektar zu treffen. Das funktioniert so gut, dass Bienen eigentlich nur drei bis fünf Stunden am Tag mit Nektarsammeln beschäftigt sind, um die Tagesernte einzuholen. Den Rest des Tages können sie es locker angehen. So fleißig sind Bienen also doch nicht, trotzdem sollten wir den Tierchen dankbar für ihre Arbeit sein, schließlich sind für ein Kilogramm Honig 16 Millionen Kleeblüten auszusaugen. Ganz zu schweigen von der guten Tat, den Blütenstaub auf verschiedene Blüten zu verteilen und so zur Bestäubung der Pflanzen beizutragen, was in vielen Fällen die Voraussetzung für die Bildung von Früchten ist. Wenn man von Bienenfleiß spricht, meint man natürlich nur den Fleiß der Arbeiterinnen. Absolute Oberfaulenzer unter den Bienen sind die Männchen, denn außer fressen und sich mit der Bienenkönigin paaren, haben sie nichts zu tun. Neben *fleißigen Bienen* kennt man noch *„flotte Bienen“*, die lasst ihr euch aber von euren Papas erklären.

Frechdachs

Während nur wenige Menschen schon einmal einem lebenden Dachs im Wald begegnet sind, kennen viele einen Frechdachs persönlich. Das liegt ganz einfach daran, dass man einen meistens noch jungen, nicht gerade schüchternen, sondern eher vorwitzigen Menschen als *Frechdachs* bezeichnet. Aber auch wer noch nie einen Dachs gesehen hat, der hat vielleicht schon etwas von einem Dachs benutzt. Dachshaare werden nämlich zu Pinseln verarbeitet. Obwohl der Dachs mit seinem weißen Kopf, den zwei schwarzen Streifen rechts und links, die von der Nase bis zu den Ohren führen, der dunklen Bauchseite und der silbergrauen Rückenseite eher auffällig gefärbt ist, fällt er uns trotzdem nicht besonders auf. Das liegt ganz einfach daran, dass der größte einheimische Marder in unseren Wäldern ein sehr zurückgezogenes Leben führt. Wenn wir nachts in den Federn liegen, dann streift der Dachs durch die Wälder. In seinem Revier ist er auf der Suche nach Nahrung. Als Allesfresser verschlingt er Pilze, reifes Obst, Schnecken, Regenwürmer, Insekten, Mäuse oder auch junge Vögel. Wenn dem Dachs der Appetit danach steht, gräbt er sogar Wespen- und Hummelnester aus und labt sich am Honig und an den Insekten. Sein Fell schützt ihn übrigens ganz gut vor den Insektenstichen. Tagsüber haben wir auch kaum eine Chance, einen Dachs zu treffen, denn zu dieser Zeit macht er sein Verdauungsnickerchen. Allerdings außerhalb unserer Reichweite, nämlich in seinem Bau. In fünf Meter Tiefe können die Höhlen liegen, die durch bis zu zehn Meter lange Röhren mit der Außenwelt verbunden sind. Dazu hat der Dachs mit den kräftigen Krallen seiner Vorderfüße noch besondere Luftröhren gebaut. Auf seinem mit Moos und Laub ausgepolsterten Lager verbringt er nicht nur die Tage, sondern ebenso den Winter. Für einige Monate verkriecht er sich voll gefressen in seiner Dachsburg und lebt von seinem Körperfett. Er macht dort aber keinen richtigen Winterschlaf wie das Murmeltier oder der Igel. Der Dachs hat im Winter dieselbe Körpertemperatur wie im Sommer. Von Zeit zu Zeit kommt er aus seinem Bau, und wenn man Glück hat, kann man zumindest seine Spuren finden. Der Dachs geht, wie wir auch, auf der ganzen Fußsohle. Besonders auffällig sind die Spuren der Vorderfüße, da sie sehr lange Krallen besitzen. Im Dachsbau werden im Februar und März auch die Jungen geboren. Wenn diese schließlich zum ersten Mal den Bau verlassen und sich um das Futter balgen und liebevoll Ringkämpfe veranstalten, um ihre Kräfte zu messen, dann können selbst aus ganz normalen Dachsen richtige *Frechdachse* werden.

Glatt wie ein Aal

Ein Aal ist schon ein ziemlich komischer Fisch. Er lebt zwar in fast jedem unserer Flüsse, wird aber einige Tausend Kilometer von Europa, nämlich im Meer vor der Küste Nordamerikas geboren und stirbt dort auch wieder. Dazwischen schlängelt er sich 15 bis 20 Jahre seines Lebens durch unsere einheimischen Bäche und Flüsse. Er hat weder die für Fische charakteristischen Flossen noch die typische Fischform. Rücken-, Schwanz- und Afterflossen sind zu einem feinen Flossensaum verschmolzen, die Bauchflossen fehlen ganz. Die Körperform des Aals erinnert an eine Schlange und so bewegt er sich auch fort. Sich krümmend und windend gibt es kaum ein Hindernis im Wasser, das er nicht bewältigen kann. Wenn es sein muss, bewegt sich der Fisch sogar kurzzeitig auf dem Land fort. Solange jedenfalls, bis der Sauerstoff im Wasser seiner Kiemen verbraucht ist. Selbst in scheinbar aussichtslosen Lagen findet er dank der Beweglichkeit seines Körpers immer wieder einen Weg. Die Wendigkeit des Fisches passt also gut auf einen Menschen, der durch allerlei Tricks und Ausreden versucht, sich aus einer peinlichen Situation herauszureden. Wer den Unterrichtsbeginn verschläft und dann sein zu spät Kommen durch allerlei Ausreden rechtfertigt, der *„windet sich"* laut Sprichwort *„wie ein Aal"*.
Die Haut des Aals hat zunächst gar keine Schuppen und erst nach etwa sieben Jahren wachsen winzige dieser ovalen Gebilde in der Tiefe seiner Haut. Das Fehlen der Schuppen und eine Schleimschicht machen den Aal so glitschig, dass er kaum zu fassen ist – schlecht für seine Feinde, die an seinem Schleimmantel abgleiten. Für den Fisch aber ist der schlüpfrige Körper nicht nur im Wasser von Vorteil, sondern auch bei seinen Landausflügen. Auf diese Eigenschaft geht die zweite Redewendung *„Glatt wie ein Aal"* zurück. Ein Mensch, den man als *„aalglatt"* bezeichnet, ist nicht zu fassen, weil ihm auf Grund seiner Schlauheit immer wieder Auswege einfallen.
Und noch einen Begriff haben wir dem Fisch mit dem Schlangen-Körper entliehen: Wer sich behaglich in der Sonne räkelt, *der aalt sich*. Allerdings würde dies kein Aal freiwillig tun, denn die Tiere sind dämmerungs- und nachtaktiv. Den Tag verbringen sie in Verstecken im Wasser.

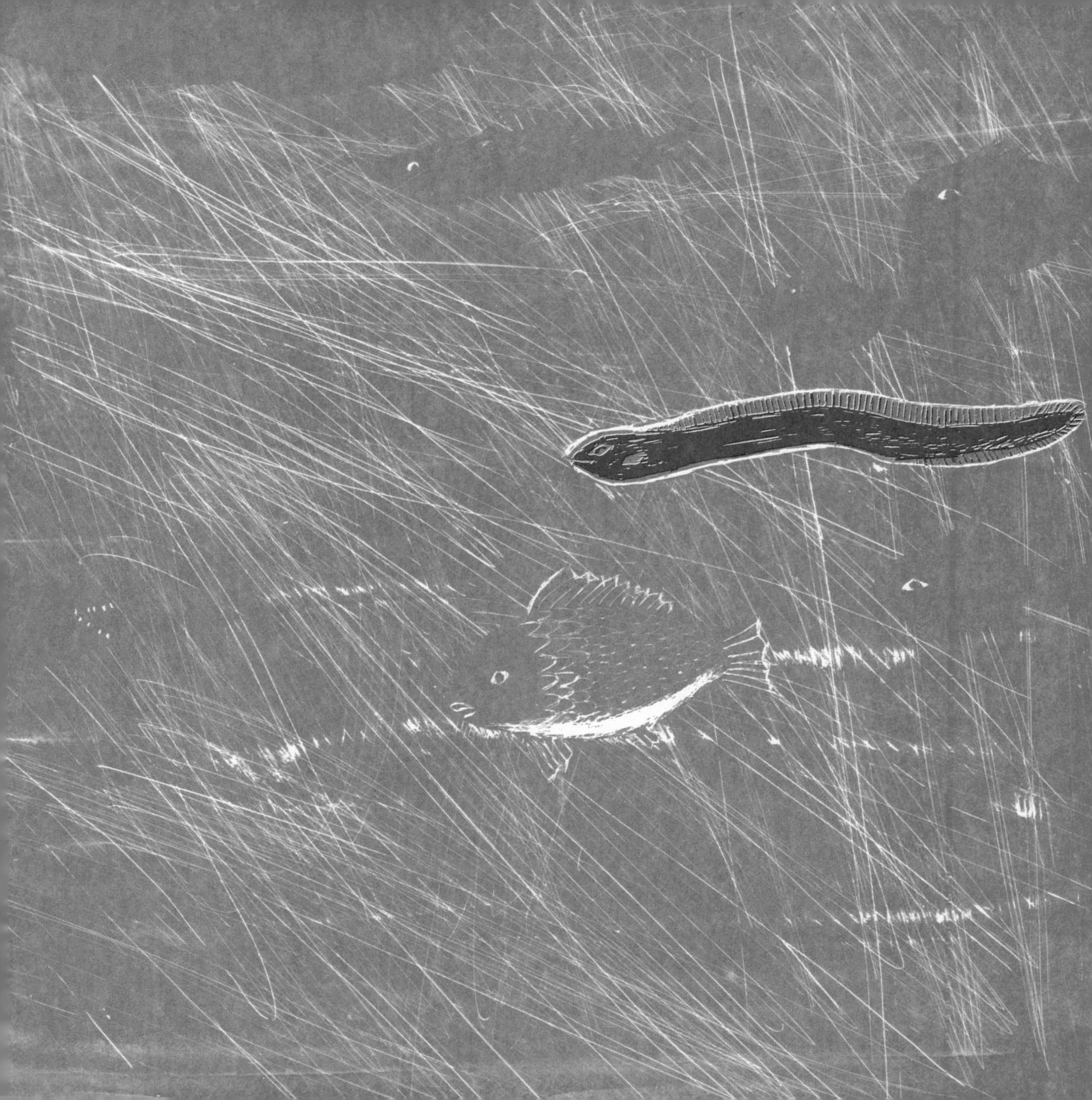

Hamstern

Spinnen spinnen, Robben robben und Hamster *hamstern*. Aber stimmt das auch? Ist der Hamster wirklich ein Hamsterer, der hamstert? In vielen Kinderzimmern führt der Goldhamster, dessen Heimat in Syrien liegt, ein meist glückliches Hamsterleben. So kann man beobachten, wie das Haustier den Tag gemütlich verschläft, nachts dafür im Hamsterrad herumrast oder unter dem Teppichboden Futter versteckt. Dabei lernt man viel über die Sitten und Bräuche der kleinen Nagetiere, die erst in der Dämmerung aktiv werden, dann aber viel unterwegs sind, um Nahrungsvorräte anzulegen. Im Prinzip lebt der einheimische Feldhamster genauso wie der verhätschelte Goldhamster. Hamster sind Steppentiere, die bei uns in den Feldern wohnen. Dort finden sie ausreichend Schutz und gleichzeitig Nahrung. Zwar frisst der Hamster hauptsächlich Pflanzen, verschmäht aber auch Kleintiere nicht. Besonders viel Nahrung benötigt er, um den Winter zu überleben. Diese ungünstige Jahreszeit verbringt der Feldhamster gut geschützt in seinem bis zwei Meter tief unter der Erde liegenden Bau. Dort fällt er in eine Art Winterschlaf, bei dem seine Körpertemperatur von sonst 32 Grad auf 4 Grad sinkt. Da er sich aber nicht wie andere Winterschläfer vorher ein Fettpolster anfressen kann, wacht er alle fünf bis sieben Tage auf und begibt sich in seine unterirdische Vorratskammer, um seinen Hunger zu stillen. Die Nahrung für den Winter hat der Hamster bereits im Herbst auf den Feldern gesammelt, meistens während der Dämmerung, um vor Feinden sicher zu sein. Aus Furcht vor Gefahr frisst er auch beim größten Hunger gewöhnlich nicht außerhalb seines Baus, sondern stopft sich die geernteten Getreidekörner in seine Backentaschen. Erst in Sicherheit stillt er seinen Hunger. Mit diesem Verfahren füllt er auch den Vorratsspeicher für den Winter auf. Bis zu 50 Gramm Futter kann der Feldhamster in seinen Backen transportieren. In seinen unterirdischen Winterspeichern hat man schon bis zu 50 Kilogramm Körner gefunden. Das für den Feldhamster notwendige Sammeln von Futter hat zu dem Ausdruck *„hamstern“* geführt. Allerdings ist ein Mensch, der *hamstert* jemand, der besonders raffgierig und mehr als er eigentlich benötigt, sammelt. So gesehen ist der Feldhamster kein Hamsterer. Stehen bedrohliche Zeiten bevor, neigen Menschen zu panikartigen *„Hamsterkäufen“*, das heißt, sie decken sich mit Vorräten ein, um schwere Zeiten zu überstehen, ganz wie ein Hamster vor dem Winter – hier also stimmt das Sprichwort mit der Natur überein.

Hässliches Entlein

In Hans Christian Andersens Märchen „Das hässliche junge Entlein“ schlüpfen aus den Enteneiern nicht nur braungelbe Entenküken, sondern auch ein schiefergraues Vogeljunges. Dieser Jungvogel wird wegen seines fremdartigen Aussehens als hässlich bezeichnet und von den Tieren und Menschen im Märchen ziemlich schlecht behandelt. Am Ende erfährt der Leser, dass das hässliche Entlein in Wirklichkeit ein Schwanenküken gewesen ist. In der wirklichen Welt können natürlich aus Enteneiern immer nur Entenküken schlüpfen und aus Schwaneneiern nur junge Schwäne. Legt man einer Ente aber ein fremdes Ei mit zu ihren eigenen Eiern ins Nest, wird es von der Ente ohne zu murren ausgebrütet. Hühner-, Gänse-, Enten- und natürlich auch die Schwanenküken gehören zu den Nestflüchtern. Kaum sind sie aus dem Ei geschlüpft, sind sie schon so fit, dass sie mit ihrer Mutter Ausflüge unternehmen können. Damit sich Mutter und Kinderschar nicht verlieren, gibt es in der Natur ein ziemlich einfaches Erkennungssystem. Die Küken betrachten das Lebewesen, das ihnen nach dem Ausschlüpfen zuerst begegnet als ihre Mutter, vorausgesetzt, es bewegt sich und gibt Töne von sich. In der Natur treffen Küken natürlich immer zuerst ihre wirkliche Mutter. Hat ein Schwanenküken in einem Experiment aber seinen ersten Kontakt mit einer Ente oder gar mit einem Menschen, werden diese Lebewesen als Mutter betrachtet. Umgekehrt gibt es auch Signale, die von den Küken ausgehen und bewirken, dass sich die Mutter um den Nachwuchs kümmert. Dazu gehören zum Beispiel die Rufe der Küken. Das flauschige Daunenkleid der Vogeljungen, der große Kopf, die großen Augen, der plumpe Körper und die tollpatschigen Bewegungen wirken auch auf uns. Am liebsten möchte man so ein Küken in die Hand nehmen und streicheln. Dieses Verhalten müssen wir nicht lernen, denn es ist angeboren. Auch von Babys gehen ähnliche Signale aus. Deshalb finden wir Tier- und Menschenbabys immer süß und nie hässlich. Das *„hässliche Entlein“* ist also nur wegen des Märchens zu einer Redewendung geworden. Darunter versteht man heute ein nicht besonders schönes junges Mädchen, das sich möglicherweise beim Heranreifen zu einem „schönen Schwan“, also einer bildschönen Frau entwickeln könnte. Da bekanntlich Intelligenz, Witz und Charakter einen Menschen liebenswert machen, ist der Spruch vom *„hässlichen Entlein“* oberflächlich und uncharmant und sollte dort bleiben, wo er ist: im Märchenland.

"Das geht nicht, Euer Gnaden!" sagte die Enten-
mutter, „er ist nicht schön, aber er hat ein
wahrhaft gutes Gemüt, und er schwimmt so wunder-
bar wie jedes von den anderen, ja, ich darf sagen,
etwas besser! Ich denke, er wird schön werden, wenn
er erst erwachsen ist oder mit der Zeit etwas kleiner wird!"

Hier geht es zu wie im Taubenschlag

Zwar werden Tauben seit gut 4000 Jahren vom Menschen gehalten, trotzdem weiß man heute immer noch nicht genau, wie die Vögel den Rückweg in ihren Heimatschlag finden. Selbst wenn die Tauben 2000 Kilometer von ihrem Wohnort entfernt ausgesetzt werden, kehren sie normalerweise zurück. Man vermutet, dass die Vögel sich charakteristische Punkte im Gelände wie Berge, Täler, Flüsse oder Seen merken können, die ihnen als Orientierungshilfe dienen. Aber auch das Magnetfeld, das die Erde umgibt, wird von den Tauben genutzt, um den Rückweg zu finden, ebenso die Stellung der Sonne und der Geruchsinn. Damit die ausdauernde und schnelle Fliegerin mit dem tollen Heimfindevermögen möglichst schnell wieder zurückkehrt, wenden die Taubenzüchter einen Trick an: Der Partner der Taube bleibt im Käfig zurück. Der Trennungsschmerz verstärkt bei den Taubenpärchen, die gewöhnlich ein Leben lang zusammenbleiben, den Trieb, schneller zu ihrem heimischen Taubenschlag zurück zu kehren. Da unsere Haustaube von der in Kolonien brütenden Felsentaube abstammt, leben in einem Taubenschlag viele Tiere unter einem Dach – die Unruhe ist legendär – es herrscht hier ein ständiges Kommen und Gehen und das genau bedeutet auch die Redensart: *„Es geht zu wie in einem Taubenschlag"*. Wenn zu Opas achzigstem Geburtstag die gesamte Verwandtschaft lautstark anrückt, kann es also schon einmal zugehen *„wie in einem Taubenschlag"*.
Als gute Flieger haben Tauben eine starke Brustmuskulatur, weshalb sie für den Menschen schon früh zu einer Leckerei wurden. Da einem gebratene Tauben, außer im Schlaraffenland, nicht ins Maul fliegen, baute der Mensch einfach Taubenschläge, die von den Vögeln als Brutplätze angenommen wurden. So wurde aus der wilden Felsentaube das zahme Haustier Brieftaube, die der Mensch nicht nur als Braten verspeist, sondern deren Mist er auch als wertvollen Dünger nutzt. Wegen der guten Orientierung setzte der Mensch bereits 1000 vor Christus Tauben als Luftpostboten ein. Mit einem Briefchen an den Körper gebunden, schickte man die Vögel auf die Reise. Und wenn die Vielflieger nach Hause kommen, haben sie bekanntlich viel zu erzählen, weshalb es in der Taubengroßfamilie dann immer *zugeht wie im Taubenschlag*.

in ein Wespennest stechen

Ein Wespennest sieht ziemlich zerbrechlich aus und ist es auch, denn es besteht aus nichts anderem als Papier. Erst im Spätherbst, wenn sich ein Wespenvolk auflöst, kann man die Papierwohnung gefahrlos aus der Nähe betrachten. Das Papier stellen die Wespen selbst in ihrer eigenen „Papierfabrik" her. Dazu benötigen die Insekten Holz, das sie zerkauen und dabei mit ihrem Speichel vermischen – fertig ist das Papier. In der Wespenspucke befinden sich nämlich Chemikalien, die das Holz in Papier verwandeln. Im Inneren besteht so ein Wespennest aus verschiedenen Etagen, die durch Stützpfeiler auf Abstand gehalten werden. Jedes Stockwerk setzt sich aus nach unten geöffneten, sechseckigen Zellen zusammen. Das ganze Gebilde ist von einer ballonartigen Hülle umgeben, mit nur einer Öffnung, die als Ein- und Ausgang benutzt wird. Ein Wespennest kann so groß wie ein Fußball werden und befindet sich meistens unter der Erde in einem alten Mäusebau, in leeren Vogelnistkästen, Hohlräumen von Bäumen oder in Dachstühlen, wo man die kugelige Form deutlich sehen kann. In dieser Papierkugel spielt sich die gesamte Entwicklung der Wespen ab. In jede Zelle wird zunächst ein länglich perlenförmiges Ei gelegt. Daraus entwickelt sich eine Larve, die von den Wespen mit vorgekauten Insekten gefüttert wird. Verschließt die Larve die Zelle mit ihrem Seidenfaden, beginnt die Verpuppung – das Tier entwickelt sich zur fertigen Wespe, die dann die Zelle verlässt. In einem Wespennest können im Hochsommer bis zu 5000 Insekten wohnen, die ausgesprochen friedlich sind, solange man sie in Ruhe lässt. Stochert man allerdings in ihrem Nest herum, ist das lebensgefährlich, denn geringste Erschütterungen führen bei den Tieren zu heftigen Abwehrreaktionen, natürlich mit Hilfe ihres Stachels. Der ist mit einer Drüse verbunden, so dass dem Angreifer ein Giftcocktail unter die Haut gespritzt wird, der nicht nur Schmerzen hervorruft, sondern bei empfindlichen Menschen tödlich wirken kann. Wer Wespen ärgert, wird dann zu allem Übel nicht nur von einer Wespe gestochen, denn das Gift enthält einen Duftstoff, der andere Wespen alarmiert. Das *„lebensgefährliche Stechen ins Wespennest"* beschreibt also die Aufdeckung einer heiklen Angelegenheit, durch die man sich viele Feinde schafft, die einen dann so heftig attackieren, wie in ihrer Ruhe gestörte Wespen. Also Finger weg von Wespennestern jeglicher Art!

in Wolkenkuckucksheim leben

Vor über 2000 Jahren gab es bei den Griechen ein Lustspiel, in dem Vögel einen eigenen Staat gründeten, den sie Wolkenkuckucksheim nannten. Da die meisten Menschen zur damaligen Zeit noch nie einen Kuckuck beim Nestbau beobachtet hatten, war es kein Problem für sie zu glauben, das Nest des scheuen Vogels befinde sich hoch über den Wolken. Zwar wusste es der berühmte griechische Naturforscher Aristoteles besser, aber niemand interessierte sich dafür. Erst 1788 entdeckte ein englischer Arzt, dass unser einheimischer Kuckuck nicht im Traum daran denkt, ein eigenes Nest zu bauen. Nach der Paarung legt das Kuckucksweibchen seine Eier ganz einfach in die Nester anderer Singvögel. Immer heimlich, in einem unbeobachteten Moment – der Kuckuck ist nämlich bei den anderen Vögeln nicht besonders beliebt und wird gemeinsam von ihnen verjagt. Selbstverständlich legt das Kuckucksweibchen nur ein Ei in ein fremdes Nest. Da Singvögel eine Vorstellung von der Anzahl ihrer eigenen Eier haben, die sie bebrüten, entfernt das Kuckucksweibchen immer ein Singvogelei. Das Kuckucksei wird dann von den Singvögeln wie ein eigenes Ei bebrütet, bis daraus ein echtes Kuckuckskind ausschlüpft, das dann von seinen Pflegeltern aufgezogen wird. Menschenkinder, die von ihren eigenen Eltern verstoßen und von fremden Eltern aufgezogen werden, bezeichnet man heute noch als Kuckuckskinder. Die Eier in fremden Nestern ausbrüten und die Jungen von anderen Vögeln aufziehen zu lassen, ist aber nicht für alle Kuckucke der Normalfall. Von den etwa 128 Kuckucksarten auf der Erde machen das etwa 50 Arten. Auch unser Kuckuck hatte Vorfahren, die noch ihre eigenen Nester bauten, ihre Eier ausbrüteten und ihre Kinder selbst aufzogen. Aus diesem Grund überreicht das Männchen heutiger Kuckucks bei der Balz dem Weibchen immer noch ein Stöckchen als Geschenk. Solche Geschenke von Nistmaterial sind aber nur üblich bei Vögeln, die Nester bauen. Warum der Kuckuck zu einem Brutschmarotzer wurde, liegt daran, dass er mit diesem Trick mehr Nachkommen haben kann, denn ein Kuckucksweibchen legt so 10 bis 15 Eier. Müsste das Kuckucksweibchen seine Eier selbst ausbrüten und die Jungen aufziehen, wären es dagegen vielleicht nur zwei oder drei Jungvögel. Das Kuckucksnest befindet sich also weder in der Kuckucksuhr noch hoch über den Wolken. Wer das glaubt, ist ein wirklichkeitsfremder Träumer, und das ist nach der Redensart jemand, der *„in Wolkenkuckucksheim lebt"*.

jemandem eine Laus in den Pelz setzen

Kopfläuse sind klitzekleine Tiere, die gerade mal bis zu drei Millimeter groß werden können. Unter der Lupe oder dem Mikroskop erkennt man wundersame Tierchen, die von den Zoologen zu den Insekten gezählt werden. Da sich Kopfläuse auf die Kopfhaare des Menschen spezialisiert haben, unterscheiden sie sich durch einige Merkmale von den übrigen Insekten. Betrachtet man die sechs Beine, fallen an deren Enden kleine Haken auf, mit denen sich das Tier ziemlich gut an unseren Haaren festhalten kann. Flügel sucht man bei der Kopflaus vergeblich, braucht sie auch nicht, da sich ihr ganzes Leben beim Menschen auf dem Kopf abspielt. Wollte man ihren Klammergriff lösen, müsste man mit dem 2000fachen ihres Körpergewichtes an ihr ziehen. So lassen sich die Läuse wegen ihrer Kleinheit und ihres abgeflachten Körpers noch nicht einmal mit einem Kamm aus unseren Haaren entfernen. Das gilt auch für die bis zu 90 Eier, jedes kleiner als einen Millimeter, die so ein Läuseweibchen während seines zehntägigen Lebens auf unserem Kopf ablegen kann. Die Mini-Eier werden nämlich mit einem wasserfesten Klebstoff an den Haaren befestigt. Aus den Eiern, die durch ein kleines Deckelchen verschlossen sind, schlüpfen nach gut acht Tagen Läusebabys aus, die ihren Eltern schon ziemlich ähnlich sehen, sich aber noch ein paarmal häuten müssen, bis sie selbst wieder Eier legen können, was noch einmal acht Tage dauert. Aber sonst zeigen sie schon ganz wie Papa und Mama einen guten Appetit. Ihren Hunger können sie nur mit Menschenblut stillen. Um sich an dem Blutsaft zu sättigen, haben sie an ihrem Mund eine Art kleine Stichsäge, mit der sie die Haut durchbohren und mit einem Röhrchen Blut aus einer Ader aufsaugen. Dabei wird aus der grauen Laus eine rote, denn das aufgesaugte Blut schimmert durch das Tier hindurch. Leider führt der Speichel der Kopflaus, der in die Wunde eindringt, zu einem unangenehmen Juckreiz. Kopfläuse in den Haaren zu haben, ist also keine besonders angenehme Sache. Die Redensart, jemandem *„eine Laus in den Pelz oder das Fell setzen"*, bedeutet nichts anderes als einem anderen Menschen viel Ärger und Unannehmlichkeiten zu bereiten.

jemandem einen Floh ins Ohr setzen

Wer Flöhe sehen möchte, muss nicht extra einen Flohzirkus besuchen. Von den 2200 Floharten auf der ganzen Welt, leben allein 80 bei uns in Europa. Hier gehören sie zu den häufigsten Wohnungsparasiten und sitzen jedem dritten Haustier im Fell. Vor allem der Pelz von Hund und Katze und Vogelgefieder sind beliebte Lebensräume dieser flügellosen Insekten. Mit einer Körpergröße von nur wenigen Millimetern ist der Floh zwar winzig, aber dennoch zum Überlebenskünstler geboren. Weltrekordverdächtig sind seine Sprünge. Dank seiner langen und kräftigen Hinterbeine springt er aus dem Stand 30 Zentimeter weit und einen halben Meter hoch. Das reicht aus, um aus seinem Versteck, einer Ritze im Boden, dem Haushund ins Fell zu springen. Ist er dort erst einmal angekommen, helfen ihm die kleinen Haken an seinen Füßen, sich an den Haaren festzuhalten. Da ein Floh höher als breit, also ziemlich dünn ist, als wäre er von einer Dampfwalze platt gefahren worden, kann er sich wieselflink durch das Haardickicht bewegen. Den Hund hat der Floh nicht mit seinen Augen erkannt, mit denen er sowieso nur hell und dunkel unterscheiden kann, sondern mit seiner Fähigkeit, kleinste Erschütterungen zu spüren. Daneben spielen noch sein feiner Geruchs- und Temperatursinn eine Rolle. All das hilft ihm, den Weg zu seiner Nahrung zu finden, und die besteht aus frischem, warmem Blut. Mit seinem Mund sticht er dünne Blutadern an und schlürft den leckeren Saft auf. Das kann bis zu einer Stunde dauern, und führt bei uns zu juckenden Wunden, die einen ziemlich nerven können. Ein Floh im Ohr aber könnte einen sicher ganz leicht um den Verstand bringen oder lässt einen an nichts anderes mehr denken. Auf diesen Zustand spielt das Sprichwort *„jemandem einen Floh ins Ohr setzen"* auch an. Wer jemanden von einer Idee überzeugen will, redet so lange auf ihn ein, bis er diesen Gedanken nicht mehr los wird.

Kann man ein einziges dieser Tierchen schon kaum ergreifen, da es sich wie ein Slalomläufer durch unsere Haare windet oder durch Sprünge sich zu retten versucht, so ist es geradezu unmöglich, einen ganzen Sack davon zu hüten. *„Schwerer als einen Sack Flöhe zu hüten"* ist eine Redewendung, die gerne von Lehrern verwendet wird, die gerade einen Schulausflug mit 50 quirligen Kindern machen, zum Beispiel in den Flohzirkus, um dort die Flöhe von ihrer sympathischen Seiten kennen zu lernen.

243

Jemanden zur Schnecke machen

Schnecken haben den Menschen zu einer Vielzahl Redewendungen inspiriert. Wer gerne zu Hause bleibt, auf den Kontakt zu anderen verzichtet, von dem sagt man *„er ziehe sich in sein Schneckenhaus zurück"* und wer *„zur Schnecke gemacht wird"*, der verwandelt sich nicht wirklich durch einen geheimnisvollen Zauber in das schleimige Tier mit dem Kalkgehäuse. Macht man jemanden zur Schnecke, dann kritisiert man diesen Menschen so heftig, dass er sich am liebsten verkriechen möchte, wie eine Schnecke in ihrem Schneckenhaus und das ist zum Beispiel für eine Weinbergschnecke lebenswichtig. Ihr weicher Körper enthält kein schützendes Skelett, so ist der schnelle Rückzug in ein Gehäuse oft die letzte Rettung. Das Schneckenhaus, mit dem die Schnecke bereits aus dem Ei geschlüpft ist, bietet dem empfindlichen Schneckenkörper auch Schutz vor Austrocknung und Kälte. Bei Trockenheit zieht sich die Schnecke in ihr Haus aus Kalk zurück. Ein dünner Film aus Schleim schützt den Schneckenkörper vor der trockenen Luft. Wer schon einmal eine Weinbergschnecke beobachtet hat, weiß, wie schnell diese schon bei der kleinsten Störung in ihrem Haus verschwindet. Das passiert eigentlich gar nicht in dem sprichwörtlichen *Schneckentempo*.

Lässt man eine Schnecke über eine Glasscheibe laufen, sind von unten wellenförmige Bewegungen des Fußes zu sehen, die von vorne nach hinten wandern und das Tier nach vorne schieben. Verantwortlich dafür sind Muskeln im Fuß, die ihre Befehle von Nerven bekommen. Genau da liegt das Problem, denn es dauert sehr lange bis die Muskeln von den Nerven „gesagt" bekommen, was sie zu machen haben. Aus diesem Grund sind Schnecken eben keine Sprinter. Ganze sieben Zentimeter legen sie in einer Minute zurück. Bei einem 100-Meter-Sprint, den der Mensch in 10 Sekunden schaffen kann, wären sie fast 24 Stunden unterwegs. Dafür können sie mit ihren nackten Fußsohlen, wie ein Fakir, selbst über die spitzesten Dornen laufen, ohne sich dabei zu verletzen. Eine Schutzschicht aus Schleim, den sie aus einer Drüse in der Nähe des Mundes ausscheiden, macht es möglich. Wenn jemandem süßliche Worte aus dem Mund fließen, um vor allem Unangenehmes hübsch zu reden, bezeichnet man einen solchen Menschen als Schleimer. Eigentlich sind diese vielen Sprichwörter, die auf die Überlebenskünste der Schnecken anspielen, eine tiefe Verbeugung vor einer Tierart, die zu den ältesten Lebensformen der Erde zählt und uns besonders häufig über den Weg kriecht …

Katzenwäsche

Ein Mensch, der eine *Katzenwäsche* macht, ist in unseren Augen ein ziemlicher Dreckspatz. Denn unter einer *Katzenwäsche* versteht man „sich nur flüchtig waschen“. Ist der Begriff „Dreckspatz“ schon falsch verwendet, so ist es bei der Katzenwäsche nicht anders. Wie kommt es zu solch einer „verkehrten“ Redensart, wo doch Menschen und Katzen schon seit einigen tausend Jahren zusammen leben? Vielleicht hängt es damit zusammen, dass Katzen ziemlich wasserscheu sind, was sicher an ihrer Herkunft liegt, denn Katzen stammen von den Steppenkatzen ab, in deren Heimat Wasser eher Mangelware ist. Da für den Menschen Reinlichkeit immer etwas mit Wasser zu tun hat, kann ein wasserscheues Tier schnell als unsauber gelten. Aber das Gegenteil ist der Fall, was jeder bestätigen kann, der Katzen bei der Körperpflege beobachtet hat. Sie nehmen es genau damit, weil nur ein sauberes Fell die Gesundheit und damit Jagdfähigkeit erhält. So gehören zum Wohlfühlprogramm einer Katze ausgiebige Sonnen- und Staubbäder, durch die Schädlinge aus dem Fell vertrieben und kleine Wunden in der Haut geheilt werden. Parasiten, die jetzt noch nicht das Weite gesucht haben, müssen damit rechnen, mit den Hinterpfoten, mit denen die Katze große Teile ihres Körpers erreichen kann, aus dem Fell vertrieben zu werden. Dann folgt die Feinwäsche. Dazu knabbert die Katze mit ihren zierlichen Schneidezähnen in ihrem Fell herum, um kleine Fremdkörper zu beseitigen. Dem folgt eine Behandlung des Fells mit Zunge und Spucke. Auf der Zunge befinden sich kleine, nach hinten gerichtete Hornhöckerchen, wodurch die Zunge rau wird wie eine Feile. Die Katze striegelt so ihr Fell selbst und vollführt dabei artistische Körperverrenkungen, um alle Stellen des Körpers zu erreichen. Bei dieser Schönheitskur werden gleichzeitig kleine Drüsen, die in der Haut neben den Haarwurzeln sitzen, massiert. Dadurch wird Flüssigkeit ausgeschieden, die das Fell einfettet und Wasser abstoßend macht. Beim „Auskämmen“ mit der rauen Zunge bleiben auch immer wieder Haare hängen. Diese werden von der Katze verschluckt und als Gewölle wieder ausgewürgt. Um diesen Vorgang zu beschleunigen, frisst die Katze Gras. Da der eigene Kopf mit der Zunge nicht zu reinigen ist, benutzt die Katze dazu die Vorderpfoten, die vorher mit Spucke angefeuchtet wurden. Mit Vorderpfoten und Krallen werden auch die Zähne sauber gehalten, das ist besonders wichtig – ein Raubtier mit kranken Zähnen ist in der Natur dem Tod geweiht. Eine Stunde und vierzig Minuten widmet sich eine Katze täglich der Körperpflege. Wie viel Zeit benötigst du für deine Menschenwäsche?

Komischer Kauz

Wer im Sommer einen warmen Anzug trägt und nie ohne Regenschirm aus dem Haus geht, wird gerne als „*komischer Kauz*“ bezeichnet. Aber sind Steinkauz und Waldkauz, also unsere einheimischen Käuze, wirklich Vorbilder für „*komische Käuze*“? Beide gehören zu den Eulen, sind also Nachtjäger, die bestens ausgestattet sind, um sich in der Dunkelheit zurecht zu finden. Für Vögel haben sie einen sehr großen Kopf, in dem wieder mächtige, nach vorne gerichtete Augen sitzen. Das ist besonders wichtig für das räumliche Sehen und das Abschätzen von Entfernungen. Beides benötigen die Käuze, wenn sie sich auf Mäuse- und Vogeljagd begeben. Während wir unsere Augen in den Augenhöhlen bis um 100 Grad hin- und herbewegen können, sind es bei den Eulen gerade mal zwei Grad. Den Nachteil dieser starren Augen gleichen die Vögel durch eine gute Beweglichkeit ihres Kopfes wieder aus. Manche von ihnen können ihren Kopf um bis zu 270 Grad verdrehen. Wenn eine Eule ihren Kopf nach links wendet bis es nicht mehr weiter geht, kann sie über ihre rechte Schulter fast wieder nach vorne blicken. Das kann schon ziemlich komisch aussehen. Zusätzlich sind die Augen besonders lichtempfindlich, so dass die Tiere selbst bei schwachem Licht noch etwas erkennen können. Allerdings verlassen sich die nächtlichen Jäger bei Dunkelheit vielmehr auf ihr feines Gehör. Durch die Anordnung der Ohren, die durch Federn verdeckt werden, ist es für einen Waldkauz kein Problem, eine im Laub raschelnde Maus aus 100 Meter Entfernung aufzuspüren. Startet der Kauz schließlich zum Angriff, bekommt die Maus nichts davon mit, weil das Kauzgefieder alle Fluggeräusche schluckt und sie wird mit Haut und Haaren verschlungen. Die unverdaulichen Reste der Mahlzeit würgt die Eule als Gewölle wieder aus. Im Spätwinter und Frühling ist im Wald nachts oft ein huuh-hu-huuuuuuh zu hören. Die Rufe des Waldkauzes, die lediglich dem Anlocken eines Weibchens dienen, sind in vielen Krimis zu hören, wenn es bei Vollmond auf dem Friedhof spannend wird. Es war wahrscheinlich die nächtliche und somit geheimnisvolle Lebensweise von Waldkauz & Co., die Käuze in ein schiefes Licht gerückt haben. Lernt man sie näher kennen, kann man nur staunen, wie gut sie für ein Leben in der Nacht ausgerüstet sind und komisch ist da eigentlich überhaupt nichts mehr an ihnen. So ist es oft auch mit dem komischen Kauz unter den Menschen, der sich beim näheren Kennenlernen als patenter Kerl herausstellt.

FUNGHI
FUNGHI

Krokodilstränen

Wenn bei uns die Tränen fließen, können das Tränen der Freude, der Trauer, des Schmerzes, der Wut sein, aber *Krokodilstränen*? Um welche Sorte es sich auch handelt, sie werden immer in der Tränendrüse hinter dem oberen Augenlid gebildet. Unsere „Augenwischanlage" funktioniert ähnlich wie eine Schweibenwischanlage beim Auto. Wenn wir das Augenlid bewegen, wird die bohnengroße Tränendrüse massiert und scheidet eine Flüssigkeit aus, die salzig schmeckt, sich seifig anfühlt und das Wachstum von Bakterien verhindert. Die Bewegung des oberen Augenlids verteilt die Tränenflüssigkeit über die Hornhaut unseres Auges. Der Schmutz wird angefeuchtet, abgewischt und fließt in die Augenwinkel, die neben der Nase liegen. Dort bleibt oft etwas von den festen Bestandteilen kleben (für manche Kinder ein echter Beweis, dass es das Sandmännchen wirklich gibt). Der Rest gelangt über kleine Öffnungen in unsere Nase und arbeitet dort noch als Luftbefeuchter. Bei vielen Tieren funktioniert das genauso wie beim Menschen. Das Besondere bei uns ist, dass wir mit Tränen auch Gefühle ausdrücken können. Wenn wir weinen, wird sogar besonders viel von der salzigen Flüssigkeit gebildet und dicke Tränen rollen über unsere Wangen. Das passiert ganz von selbst, wenn wir in der richtigen Stimmung sind. Aber Menschen können als einzige Lebewesen auch Gefühle vortäuschen und falsche Tränen produzieren, die heißen dann *Krokodilstränen*. Nur, was hat das Krokodil damit zu tun, das gar nicht weinen kann? Die größten Reptilien unserer Zeit legen ihre Eier in selbst gegrabene Erdlöcher. Zwar können sich die Krokodilbabys mit Hilfe eines Hornhöckers auf der Schnauzenspitze selbst aus dem Ei befreien, sie sind aber nicht in der Lage, sich durch die Erdschicht zu wühlen, die das Nest bedeckt. Sie geben kurz bevor sie das Ei verlassen, Töne von sich, die an das Quäken eines Kindes erinnern und werden dann von dem Weibchen aus ihrem sandigen Brutkasten befreit. Menschen, die solches Krokodilweinen gehört haben und ihm gefolgt sind, wurden natürlich von dem Wache schiebenden Mutterkrokodil angegriffen. So entstand das Gerücht, Krokodile lockten Menschen durch Nachahmung von Babyweinen an, um sie dann zu verschlingen. Ein echtes Märchen, aber zum Weinen, besonders für die Krokodile, die noch immer vom Menschen hauptsächlich wegen ihrer Haut getötet werden. Dadurch hat der Mensch nicht nur so manche Krokodilart fast ausgerottet, sondern sicher auch so manche *Krokodilsträne* dabei vergossen. Schließlich ist er das einzige Lebewesen, das wirklich Krokodilstränen im Sinne der Redensart produzieren kann.

Mich laust der Affe

Früher, als es kein Fernsehen, kein Kino und nur wenige Zoos gab und die Menschen nur selten oder gar nicht ihren Urlaub im Ausland verbrachten, war es noch eine Sensation, wenn man auf einem Jahrmarkt Tiere aus fremden Ländern betrachten konnte. Dort zeigten Schausteller auch kleine Affen, die Kunststückchen vorführten. Dabei passierte es schon mal, dass ein Affe einem Zuschauer zu dessen Überraschung auf die Schulter sprang. Die Verblüffung war noch größer, wenn der Affe im Haar des Menschen wühlte, ganz wie das unter Affen so üblich ist. Bei einer solchen Gelegenheit soll die Redensart *„Ich denk, mich laust der Affe"* entstanden sein, die heute noch verwendet wird, wenn man etwas ganz Verrücktes, Überraschendes, Verblüffendes erlebt, ganz so, als würde einem urplötzlich ein Affe auf der Schulter sitzen. Das Lausen ist allerdings unter Affen nichts Ungewöhnliches. Wie jedes andere Lebewesen auch, verbringen Affen viel Zeit damit, ihr Fell zu untersuchen. In dem dichten Pelz fühlen sich kleine Tiere wie zum Beispiel Läuse besonders wohl. Diese flügellosen Insekten saugen Blut, legen Eier an den Haaren ab und scheiden Kot aus. Alles unangenehme Sachen, die nicht nur zu Juckreiz, sondern auch zu gefährlichen Krankheiten bei den Affen führen können. Stundenlang sind sie deshalb damit beschäftigt, mit ihren Fingern, die wie unsere flache Fingernägel und keine Krallen haben, Schmutzteilchen, Parasiten und alte Hautreste aus ihrem Fell zu lesen. Damit schlagen sie gleich zwei Fliegen mit einer Klappe. Sie halten sich nicht nur sauber, sondern das, was sie da herauslesen, wird auch gleich aufgefuttert. Da selbst die gelenkigen Affen nicht alle Stellen ihres Körpers selbst untersuchen können, helfen sie sich untereinander bei der Fellpflege. Affenforscher beobachteten die Tiere schon dabei, wie sie sich gegenseitig Splitter aus der Haut zogen oder sogar kleine Schmutzteilchen aus dem Auge entfernten. Mittlerweile sind allerdings die kleinen Plagegeister gar nicht mehr der Hauptgrund für die Fellpflege. Aus der ehemaligen Fellsäuberung ist inzwischen ein Freundschaftsbeweis geworden. Durch das gegenseitige Lausen streiten sich die Tiere weniger und vertragen sich besser – es bedeutet soviel wie: „Lass uns Freunde sein". Manche Forscher halten die stundenlange Fellpflege untereinander sogar für so eine Art nichts sagendes Gespräch, das für ein angenehmes Wohlfühlklima in der Gruppe sorgt. Wer jetzt so richtig überrascht ist, über das, was das Lausen alles bedeutet, der kann eigentlich schon einmal sagen: *„Ich glaub', mich laust der Affe!"*

Mit Adleraugen

„Mit Adleraugen schauen", heißt etwas ganz genau betrachten und es dazu noch besonders schnell erkennen. Für Adler und die meisten anderen Greifvögel, die am Tag jagen, sind gute Augen besonders wichtig, denn schließlich finden sie nur damit ihre Beutetiere. Der Mäusebussard hat im Verhältnis zu seinem geringen Körpergewicht sehr große Augen. Vergleicht man nämlich die Augengrößen eines Pottwals, eines Menschen und eines Mäusebussards miteinander, stellt man etwas Überraschendes fest. Die Augen aller drei Lebewesen sind ungefähr gleich groß, obwohl ein Pottwal etwa 50 000 Kilogramm, ein Durchschnittsmensch 75 Kilogramm und der Mäusebussard nur ein Kilogramm wiegen. Die Augen sind also für einen Mäusebussard viel, viel wichtiger als für einen Menschen oder gar einen Pottwal. Greifvögel, die in der Dämmerung jagen, besitzen noch größere Augen, Nachtgreifvögel hingegen finden ihre Nahrung mit Hilfe ihres feinen Gehörs. Mäusebussardaugen sehen wirklich fantastisch, denn sie können sogar eine Heuschrecke aus 100 Meter Höhe erkennen. Warum? In seinen Augen finden sich besonders viele Zellen, die das Licht auffangen. An einer Stelle im Auge, mit der er besonders gut sieht, befinden sich eine Million solcher lichtempfindlicher Zellen auf einer Fläche von der Größe eines Stecknadelkopfes. Von diesen Scharfseh-Stellen hat er nicht eine, sondern sogar zwei pro Augapfel. Eine dient beiden Augen zum nach vorne Schauen, die andere lässt das Auge seitlich genau sehen. Während bei uns die Augen in den Augenhöhlen hin und her bewegt werden können, ist das beim Mäusebussard kaum möglich. Das liegt daran, dass die Muskeln, die für Bewegungen des Augapfels zuständig sind, bei vielen Vögeln zurückgebildet sind. Dadurch wird Gewicht eingespart und das ist für fliegende Vögel mindestens genauso wichtig wie gutes Sehen. Will ein Greifvogel sehen, was sich hinter ihm abspielt, muss er seinen Kopf drehen. Ob die verschiedenen, oft auffälligen Farben der Regenbogenhaut der Greifvögel auch eine Bedeutung für das Sehen haben oder ob sie nur ein Signal zur Verständigung mit den Artgenossen sind, weiß man bis heute noch nicht. Der Mäusebussard sieht etwa achtmal genauer als ein Mensch. Wenn also Menschenmütter mit *„Adleraugen"* das Treiben ihrer Kinder überwachen, haben sie sprichwörtlich ein besonderes Auge auf ihre Brut.

Linse
Pupille
Regen-bogenhaut
vordere Augen-kammer
Hornhaut

Mit den Hühnern zu Bett gehen

Es ist natürlich klar, *wer mit den Hühnern zu Bett geht* nimmt sich keine Schar Hühner mit unter seine Bettdecke. Die Redensart bedeutet vielmehr, dass jemand gewohnheitsmäßig ziemlich früh ins Bett geht. So früh wie die Hühner, die sich schon bevor es richtig dunkel wird, auf ihren Schlafplatz zurückziehen. Obwohl die Hühner Vögel sind, die sich fast den ganzen Tag auf dem Boden aufhalten, können sie doch noch fliegen. Allerdings nur im äußersten Notfall, wenn Davonrennen nichts mehr nützt. Für die Nacht suchen sich Hühner aber immer noch einen erhöhten Schlafplatz. In Asien, der Ursprungsheimat unserer Haushühner, fliegen diese Vögel in Bäume und verbringen dort auf einem Ast – geschützt vor ihren Bodenfeinden wie Fuchs und Marder – die Nacht. Für dieses Schlafverhalten gibt es sogar ein Fachwort. Die Jäger nennen es „aufbaumen". Da Hühner am Tage aktiv sind, stehen sie morgens auch entsprechend früh auf, was zu der Redensart *„mit den Hühnern aufstehen"* geführt hat. Wie früh sie auf den Beinen sind, weiß jeder, der morgens schon einmal von einem krähenden Hahn geweckt wurde. Was für die Hühner gilt, trifft auf fast alle Vögel zu. Wann sie aufstehen und den Kopf wieder zum Schlafen ins Gefieder stecken, hängt von Sonnenauf- und Sonnenuntergang ab. Damit ein Vogel so richtig munter wird, benötigt er eine bestimmte Helligkeit. Die notwendige Lichtmenge, die für den Vogel als Muntermacher wirkt, ist für die einzelnen Vogelarten verschieden. Eine Amsel braucht zum Beispiel weniger Licht als ein Buchfink. Das bedeutet, dass eine Amsel morgens fast 20 Minuten früher anfängt zu singen als der Buchfink. Da die Vögel ziemlich regelmäßig, je nach dem wie hell es ist, ihre Lieder in den Morgen hineinschmettern, reden die Fachleute sogar von einer „Vogeluhr". Die „Vogeluhr" ist natürlich keine Uhr, nach der man seinen eigenen Wecker stellen kann, denn die Uhrzeit, zu der die Amsel mit ihrem Singsang anfängt, wird vom Sonnenaufgang bestimmt. Beginnt sie am 3. März um 6.40 Uhr mit ihrem Lied, so singt sie am 31. März bereits um 5.20 Uhr. Bei Vögeln wird also ihre Aktivität durch die Dauer des Tageslichtes und seine Stärke gesteuert. Bei uns Menschen wäre das sicher genauso. Da wir künstliche Lichtquellen wie Feuer, Kerzen und Glühbirnen erfunden haben, können wir selbst entscheiden, wie lange unser Tag dauern soll. Ohne diese Erfindungen müssten wir noch heute mit den Hühnern zu Bett gehen und morgens *„mit dem ersten Hahnenschrei"* aufstehen.

Mühsam ernährt sich das Eichhörnchen

Das Eichhörnchen lebt nicht nur im Wald, sondern auch in den Grünflächen der Städte. Durch sein rotbraunes Fell ist es gut sichtbar. In großen Sprüngen hüpft es über den Boden, flüchtet in einer Spirale flink den Baumstamm hinauf, scheut auch weite Sprünge nicht, um von einer Baumkrone in die nächste zu gelangen und stürzt sich sogar aus 25 Meter Höhe in die Tiefe, um dort unverletzt zu landen. Der buschige Schwanz, fast so lang wie der Körper, dient dabei als Balancierstange, Steuerruder und Fallschirm. Wer sich viel bewegt, muss auch viel fressen. Kein Problem für das Eichhörnchen in Frühling und Sommer, denn die Auswahl an Knospen, Beeren, Blüten, frischen Vogeleiern, Schnecken, Pilzchen und Samen ist üppig. Aber im Herbst, da ändert sich alles schlagartig. Jetzt besteht die Hauptnahrung aus Samen. Um satt zu werden, braucht das leichte Eichhörnchen pro Tag die Samen von 190 Fichtenzapfen. Dabei muss es erst die dicken, ziemlich zähen Schuppen des Zapfens der Reihe nach entfernen, um an die Samen heranzukommen. Eine mühevolle Arbeit, für die es pro Schuppe nur ein streichholzgroßes Körnchen zu fressen gibt. Ein gut trainiertes Eichhörnchen schafft so einen Fichtenzapfen in etwa drei Minuten – neun Stunden pro Tag ist es damit beschäftigt, um seinen Hunger zu stillen. Ein junges Eichhörnchen muss diese Technik erst üben und benötigt noch mehr Zeit. Auch bei Nüssen gibt es einen Trick, um an den Kern im Inneren zu gelangen. Jungtiere nagen noch kreuz und quer an der Nuss herum. Ein erwachsenes Hörnchen bewegt seine Schneidezähne immer in der gleichen Richtung, bis eine tiefe Rille entsteht und kann dann die Nuss mit seinen beweglichen Nagezähnen wie mit einem Brecheisen aufsprengen. Um den Winter zu überleben, müssen bis zu 10 000 Nüsse gesammelt und versteckt werden. Das bedeutet weitere fünf Stunden Arbeit am Tag. Hinzu kommt noch Nest bauen, reparieren oder für den Winter vorbereiten, wozu das Baumaterial mit dem Mund den Baum hinauf geschleppt werden muss. Ist es dann endlich Winter, dürfen Eichhörnchen keinen Winterschlaf halten, da ihre größten Feinde, die Baummarder, auch wach bleiben. Bei der Winterruhe des Eichhörnchens verändern sich Körpertemperatur, Zahl der Herzschläge und Atemzüge gegenüber dem Schlaf im Sommer nicht. Als Winterruher macht es sich unter seinem buschigen, warmen Schwanz ein paar Tage gemütlich und muss dann schon wieder nach draußen, um zu fressen. Trotz bestem Geruchssinn findet es aber nicht alle Vorräte wieder. Das Tierchen führt also ein beschwerliches Leben, um über die Runden zu kommen und die Redensart *„Mühsam ernährt sich das Eichhörnchen“* ist wirklich kein schlechter Vergleich für einen Menschen, der viel und schwer arbeitet, dabei aber wenig verdient.

5
4
3
2
1

Ohrwurm

Wenn einem ein Lied, das überall zu hören ist, nicht mehr aus dem Kopf geht, dann spricht man von einem *Ohrwurm*. Bei einem echten Ohrwurm handelt es sich aber weder um ein Lied, noch um einen Wurm, sondern um ein Insekt. Dieser bis zu 10 Millimeter lange Ohrwurm erreicht auf seinen sechs Beinen eine Geschwindigkeit von 98 Millimeter in der Sekunde und besitzt dazu noch zwei Flügelpaare. Unter den beiden klitzekleinen, schuppenförmigen Deckflügeln verborgen liegen die Hinterflügel, normalerweise ziemlich kompliziert zusammengefaltet, wenn sie nicht zum Fliegen gebraucht werden, was allerdings selten vorkommt. Wenn es aber so weit ist, werden die Flügel mit Hilfe zweier Zangen am Hinterende aus ihrer Schutzhülle herausgezogen. Mit diesen Pinzetten packt der Ohrwurm auch kleine Beutetiere wie Raupen und hält sie sich vor den Mund, um sie dann zu verzehren oder er wehrt sich damit ganz gut gegen Angreifer. Zur Abschreckung scheidet das Tier noch eine übel riechende Flüssigkeit aus. Die hauptsächlich in der Nacht aktiven Ohrwürmer leben tagsüber in Verstecken. Sie kommen in großer Zahl vor – 70 000 dieser Insekten hat man schon innerhalb eines Jahres in einem Garten gezählt. Das Weibchen legt seine 10 bis 80 Eier in eine kleine Erdhöhle. Es bewacht die Eier nicht nur, sondern hält das Gelege auch sauber. Damit die Eier nicht verschimmeln, werden sie ständig beleckt. Wenn nach einigen Wochen die Jungen ausschlüpfen, machen sie noch eine Zeit lang gemeinsame Ausflüge mit ihrer Mutter. Bei diesen Nachtwanderungen trägt die Ohrwurmmutter ihren müden Nachwuchs mit dem Mund wieder ins Versteck zurück. Ohrwürmer sind für uns vollkommen ungefährlich, auch wenn man früher glaubte, sie würden bei uns ins Ohr kriechen und dort sogar am Trommelfell herumknabbern. Vielmehr geht der Name Ohrwurm auf das ohrförmige Aussehen der ausgebreiteten Hinterflügel zurück. Vor Jahrhunderten dachten die Menschen, wenn etwas in der Natur eine ähnliche Form hat wie ein menschliches Organ, eigne es sich als Medizin bei Erkrankungen dieses Körperteils. Aus diesem Grund wurde der harmlose Ohrwurm immer wieder zu Pulver zermahlen und als Heilmittel gegen Ohrenerkrankungen verwendet. Dagegen nützt das arme Tierchen natürlich nichts, man kann sich als Gartenbesitzer allerdings glücklich schätzen, wenn man die Ohrwürmer nicht mehr los wird, denn sie sind Zeichen eines gesunden Gartens. Anders ist es mit dem sprichwörtlichen *Ohrwurm*, der schon mal zur Qual werden kann.

Rabeneltern

Rabeneltern gibt es nur bei den Menschen. Es sind Eltern, die sich nicht um ihre Kinder kümmern oder sie schlecht behandeln. Wie auch immer diese Redensart entstanden sein mag, die Rabenvögel können jedenfalls nichts dafür. Rabenvögel sind nämlich vorbildliche Eltern. So baut der Kolkrabe, der größte einheimische Rabenvogel, ein ziemlich kompliziertes Nest, das man als Horst bezeichnet. Für den Rohbau werden grobe Äste, Erdklumpen, Gras, Moos und sogar Steine benötigt. Damit es in der Kinderstube gemütlich wird, werden beim Innenausbau weiche, anschmiegsame Materialien wie Moose und Federn verwendet. Da hinein legt das Weibchen die Eier und beginnt bereits Ende Februar mit dem Brüten. Beide Eltern verteidigen das Gelege mit heftigen Angriffen gegen Nesträuber. Es konnte sogar schon beobachtet werden, wie Kolkraben bei Gefahr ein Ei in den Schnabel nahmen und an einen sicheren Ort transportierten. Beim Ausschlüpfen der Jungen zeigen diese Rabeneltern ein einmaliges Verhalten im Vogelreich. Das Küken muss, um sich aus dem Ei zu befreien, die Eischale von innen aufritzen. Das macht es mit einem kleinen Höcker auf dem Schnabel. Dabei muss sich der kleine Rabe aber im Ei drehen. Die Rabeneltern spielen dabei Geburtshelfer und wenden das Ei so, dass das Küken immer in einer günstigen Lage liegt, um die Schale aufzustoßen. Ist dieses endlich gelungen, wird das Kleine sogar vorsichtig mit dem Schnabel herausgezogen. Im Nest geht es dann ziemlich reinlich zu. Die Küken werden nicht nur durch ihre Eltern immer wieder gesäubert, sondern die Rabeneltern fressen vierzehn Tage den Kot ihres Nachwuchses, damit das Nest nicht verschmutzt wird. Je nach Alter bekommen die Rabenbabys auch die entsprechende Nahrung. Zuerst gibt es zarte Raupen und später leckere Mäuse. Sind die Kleinen durstig, bringen die Eltern in ihrem Schnabel Wasser für die Küken. Bei Kälte werden die lieben Kleinen mit dem Nestmaterial wie mit einer Wolldecke zugedeckt. Wird es zu heiß im Nest, lockern die Eltern das Gerüst aus Ästen mit ihrem Schnabel, damit der kühle Wind besser hindurchwehen kann. Reicht diese Luftkühlung immer noch nicht aus, so haben die Rabeneltern noch einen besonderen Trick auf Lager. Sie fliegen an eine Pfütze und befeuchten dort ihr Bauchgefieder mit Wasser. Wieder im Nest, erfrischen sich die Jungen wie unter einer Dusche an den feuchten Federn. Kolkrabenmutter und Kolkrabenvater sind also im Gegensatz zur Redensart ganz besonders fürsorgliche *Rabeneltern*.

Reihern

Auf einer stürmischen Schifffahrt kann es einem ziemlich übel werden. So schlecht, dass man anfängt zu *„reihern"* oder noch drastischer ausgedrückt, *„kotzt wie ein Reiher"*, was nichts anderes bedeutet als sich übergeben. Nur was hat das Ganze mit dem Vogel Reiher zu tun? Reihern Reiher wirklich? Graureiher sind ungefähr so groß wie Störche und leben in ganz Deutschland. Überall da, wo es feucht ist, gefällt es diesem Vogel, der sich von kleinen Fischen, Krebsen, Muscheln, Fröschen, Mäusen, Schnecken, Würmern und Insekten ernährt. Um seine Nahrung zu fangen, pirscht sich der Reiher an seine Beutetiere an oder lauert ihnen auf. Dabei nutzt er seinen langen Hals und den dolchartigen Schnabel am Kopf wie einen Speer. Kommt ein Fisch in die Reichweite seines Schnabels, streckt er seinen oft eingekrümmten Hals explosionsartig aus und spießt die Beute auf. Der gefangene Fisch wird mit dem Schnabel kräftig geschüttelt, bis er tot ist. Um Gewicht zu sparen, haben Vögel keine Zähne im Mund, sondern nur einen leichten Hornschnabel, mit dem die Nahrung nicht zerkleinert werden kann. Mit dem Kopf voran verschluckt der Reiher in Nullkommanichts seine leckere Beute als Ganzes. Dann befindet sich das Gewicht der Nahrung in der Mitte des Körpers und es lässt sich besser fliegen. Deshalb gelangt der Fisch durch die Speiseröhre schnell in den Magen und wird dort sehr rasch durch verschiedene Chemikalien zersetzt. Die schnelle Verdauung und die bei Vögeln häufige Abgabe des Kotes dienen der Gewichtsersparnis. Obwohl diese chemischen Säfte ziemlich ätzend sind, können sie nicht alle Teile der Nahrung zerlegen. So bleiben zum Beispiel Knochen, Haare und die Chitinpanzer der Insekten übrig, die vom Magen zu Klumpen zusammengeknetet und Gewölle genannt werden. Diese scheidet der Reiher zum Schutz der empfindlichen Darmwand nicht über seinen Darm aus, sondern sie werden durch die Speiseröhre nach oben in den Mund transportiert und ausgespieen. Durch Untersuchung solcher Speiballen erfährt man ziemlich genau, was ein Reiher so alles gefressen hat. Um seine hungrigen Jungen mit Nahrung zu versorgen, legt ein Reiher Entfernungen von bis zu 30 Kilometer zurück. Die Nahrung, die für die Jungvögel gejagt wird, verschlucken die Reiher. Das hängt wieder mit dem Fliegen zusammen, denn auch in einem Flugzeug muss das Gewicht der Ladung so verteilt sein, dass es damit ohne Probleme fliegen kann. Im Horst angekommen, würgt der Altvogel die Nahrung für die Jungen wieder aus dem Magen. *Reihern* ist also für den Reiher das natürlichste auf der Welt.

Rot sehen wie ein Stier

Einem Menschen, der gerade *„rot sieht"*, geht man am besten aus dem Weg, denn das bedeutet, dass dieser Mensch wütend wie ein Stier ist. Während Pferde bei Gefahr eher flüchten, greift ein Bulle seinen Feind an. Dieses Verhalten stammt aus einer Zeit, als es noch Wildrinder gab und da war der Stier oft für eine kleine Gruppe von Tieren verantwortlich, die er gegen Feinde, wie Bären und Wölfen, verteidigte. Bevor es auch heute noch zu einer Stierattacke kommt, warnt das Tier durch Brummen und Schnauben. Hufe scharren und den Kopf senken, geht dem Angriff unmittelbar voraus. Wer jetzt noch nicht das Weite gesucht hat, muss damit rechnen, auf die Hörner genommen, durch die Luft geschleudert und anschließend noch zertrampelt zu werden. Doch was auch immer einen Stier zum Angriff reizt, die rote Farbe spielt dabei überhaupt keine Rolle, denn die Tiere sind farbenblind. Der Torero in der spanischen Stierkampfarena könnte genauso gut mit einem gelbenTuch vor dem Stier herumwedeln. Man muss sich also kein rotes Hemd anziehen, um von einem Stier auf die Hörner genommen zu werden. Trotzdem ist das *„rote Tuch"* doch in unsere Umgangssprache eingegangen. *„Ein rotes Tuch für jemanden sein"* bedeutet, jemanden wütend machen. In der Tierwelt gibt es aber tatsächlich Tiere, die auf die rote Farbe mit aggressivem Verhalten reagieren. Diese Lebewesen können natürlich die rote von anderen Farben unterscheiden. Dazu gehören die Haushähne, die Truthähne, die Rotkehlchen und ein kleiner Fisch, der Stichling. Für diese Tiere ist die Farbe Rot wirklich ein rotes Tuch, das sie wütend macht. Während der Balzzeit bedeutet für ein Rotkehlchen bereits ein roter Wattebausch einen Rivalen, den es erbittert bekämpft. Stichlingsmännchen bekommen in der Paarungszeit einen roten Bauch. Wie stark die Wirkung dieser Farbe ist, beweist ein Experiment, bei dem man dem Fischmännchen rot gefärbte Gegenstände zeigt. Sie werden alle angegriffen. Selbst ein Weibchen, dem man den Bauch rot angemalt hat, wird sofort vom Stichlingsmännchen vertrieben. Wer sich einem Truthahn in einem roten Kleidungsstück nähert, muss nun wirklich mit heftigen Angriffen rechnen. Haushähne streiten sich weniger, wenn man ihren roten Kamm umfärbt. Möchte man sich also biologisch richtig ausdrücken, müsste man zu einem wütenden Menschen wohl eher sagen, dass er „rot sieht wie ein Truthahn, ein Haushahn, ein Stichlingsmännchen oder ein Rotkehlchen" – ihr könnt ja mal ausprobieren, wie das ankommt …

Schlafen wie ein Murmeltier

Zu einem Menschen, der besonders tief und fest schlafen kann, sagt man: *„Du schläfst wie ein Murmeltier!"* Aber stimmt die Redensart? Schlafen wir wirklich wie die Murmeltiere? Schauen wir den Murmeltieren, die zu den Nagetieren gehören, einfach mal auf die Pfoten, was sie da den lieben langen Tag so auf ihren Bergen treiben. Obwohl sie die Sonne mögen und für ihre unterirdischen Baue die Südseite oberhalb der Baumgrenze in den Alpen bevorzugen, stehen sie noch lange nicht mit der Sonne auf. Nein, sie lassen es gemütlich angehen, erst zwei Stunden nach dem Sonnenaufgang krabbeln sie aus ihrer Höhle heraus und wahrscheinlich auch nur, weil sie vor Hunger nicht mehr schlafen können. Nach einem üppigen Frühstück mit frischen Gräsern verdauen sie in der Sonne, knuspern noch einmal ein paar Pflanzenhäppchen am Spätnachmittag und dann verkriechen sie sich wieder unter der Erde, denn Murmeltiere warten mit dem Schlafen nicht bis die Sonne untergeht. Verbringen die putzigen Nagetiere im Sommer schon viel Zeit mit Ausruhen, im Winter ist es noch viel schlimmer – es ist die Zeit des Winterschlafs. Bereits im Herbst zieht sich der ganze Clan in den Winterbau zurück. Nicht nur die faustgroße Öffnung, sondern auch der dahinter liegenden Gang wird bis zu einer Länge von zwei Metern mit Erde und Gras verrammelt. In der mit Heu gepolsterten Schlafkammer ist es zwar nicht mollig warm, aber die Temperatur sinkt kaum unter den Gefrierpunkt. Drei Meter unter der Erde liegen dann bis zu 15 fette Murmeltiere eng aneinander gekuschelt. Die Schnauze zwischen die Hinterbeine geklemmt, sieht jedes Tier aus wie eine kleine Fellkugel. Durch das dichte Fell und die Ballform verliert der Murmeltierkörper ganz wenig Wärme. Er lebt während des Winters nur noch von seinen im Herbst angefressenen Fettpolstern, ein Vorrat, der sechs bis neun Monate reichen muss. Das bedeutet sehr viel schlafen. Aufgewacht wird alle paar Wochen einmal, aber nur um auf die Toilette zu gehen. Bei seinem Winterschlaf atmet das Murmeltier nur noch zwei- bis dreimal in der Minute. Die Körpertemperatur sinkt bis kurz vor den Gefrierpunkt: Eine Art Frostschutzmittel im Körper der Murmeltiere verhindert die Bildung von Eiskristallen. Jetzt wird klar, selbst wenn wir noch so tief und noch so lange schlafen, wir schlafen nie wie ein Murmeltier, denn unsere Körpertemperatur bleibt immer gleich.

Seine Fühler ausstrecken

Wenn du, bevor du deine Eltern um die Erhöhung deines Taschengeldes bittest, versuchst herauszufinden, ob sie in guter Stimmung sind, dann hast du schon *deine Fühler ausgestreckt*, obwohl du gar keine besitzt. Vorsichtig die Lage erkunden, bedeutet nämlich die Redensart *„seine Fühler ausstrecken"*, und das geht beim Menschen auch ohne Fühler. Bei den Tieren gibt es aber viele mit richtigen Fühlern. Diese Körperteile befinden sich meistens am Kopf und haben wichtige Aufgaben. So sitzen auf den großen Fühlern einer Weinbergschnecke richtige Augen, die leicht als zwei schwarze Punkte zu erkennen sind. Der Hummer kann mit seinen Fühlern tasten und riechen. Die Heuschrecke erkennt mit ihren Fühlern, wo es etwas zu fressen gibt und auch die Stechmücke findet mit ihren Antennen Opfer, denen sie Blut abzapft. Wie das alles funktioniert, hat man an den Seidenspinnern herausgefunden. Das sind Schmetterlinge, die in China schon seit einigen Jahrtausenden als Haustiere gehalten werden, denn die Raupen dieser Flattertiere liefern die Naturseide. Daraus werden wertvolle Stoffe und aus ihnen noch wertvollere Kleidungsstücke hergestellt. Die Weibchen der Seidenspinner haben verkümmerte Flügel und können nicht mehr fliegen. Wollen sie ein Rendezvous mit einem Männchen, müssen sie dieses zu sich locken. Damit die Männchen die Schmetterlingsweibchen auch wirklich finden, scheiden die Weibchen mittels Duftdrüsen ein Parfüm aus, das von der Luft davongetragen wird. In Experimenten wurde herausgefunden, dass die Schmetterlingsmännchen diesen Lockstoff noch aus elf Kilometer Entfernung riechen können. Mit ihren großen Fühlern werden die Duftstoffteilchen aus der Luft gefischt. Um möglichst viel davon aufzufangen, sind die Fühler verzweigt und mit feinen Haaren beschichtet. Die Antennen funktionieren so gut, dass schon ein einziges Parfümteilchen, das auf einen Fühler trifft, erkannt werden kann. Damit das Männchen das Weibchen aufsucht, müssen allerdings mehrere Teilchen des Duftstoffes auf die Antennen treffen. In den Fühlern der Seidenspinner sitzen damit wahrscheinlich die „feinsten Nasen", die es im Tierreich gibt. Wie fein, ist fast unvorstellbar: Würde man 100 Liter des Parfüms der Weibchen gleichmäßig über alle Weltmeere verteilen, könnten es die Männchen mit ihren ausgestreckten Fühlern nicht nur riechen, sondern der Geruch wäre so stark, dass sie sofort zu einem Suchflug nach dem Weibchen aufsteigen würden. Wenn also jemand *seine Fühler ausstreckt*, dann kann er auch feinste Stimmungen richtig deuten.

SUMSUMI

Sich in die Höhle des Löwen wagen

Obwohl Löwen heute nur noch in Afrika und an einigen Stellen in Indien vorkommen, sind sie nicht auf heißes Klima angewiesen. In Afrika hat man Löwen schon im Gebirge bis in 5000 Meter Höhe angetroffen. Ja, früher liefen diese Tiere sogar bei uns in Europa herum, wohnten in Höhlen und hatten den Namen Höhlenlöwen. Natürlich war es schon damals lebensgefährlich für einen Menschen, sich in die Nähe eines solchen Raubtieres zu begeben. Wer es trotzdem wagte, musste sehr mutig gewesen sein und obendrein auch noch Glück gehabt haben, wenn er überlebte. Sich mutig gegen einen Stärkeren auflehnen, bedeutet dann auch die Redensart *„sich in die Höhle eines Löwen begeben"*. Der Besuch bei deinem Schulleiter, um eine Beschwerde vorzutragen, kann schon ein solcher Gang in die *„Höhle des Löwen"* sein. Die Redewendung geht wohl ursprünglich auf eine alte Fabel zurück. In dieser Geschichte stellt sich ein Löwe krank, und lädt die Tiere seiner Umgebung in seine Höhle ein. Nur der schlaue Fuchs erkennt, dass dieser Krankenbesuch in der Höhle des Löwen eine lebensgefährliche Falle ist. Er bemerkt nämlich, dass sämtliche Fußspuren in die Höhle hineinführen, aber nicht mehr heraus.

In der Natur gibt es aber tatsächlich Beispiele, wo ein Raubtier andere Tiere, die es eigentlich fressen könnte, in seiner Nähe duldet. So schwimmt ein nur wenige Zentimeter langes Fischchen unbekümmert zwischen den Kiemendeckeln des bis zu 3,50 Meter großen, Fleisch fressenden Zackenbarsches, und wagt sich sogar, in *„die Höhle des Löwen"*, hinter die gefährlichen Zahnreihen. Der kleine, wagemutige Fisch wird weder verschluckt noch irgendwie verletzt und verlässt ungeschoren das Maul des gefräßigen Barsches. Das ist kein Naturwunder, sondern es handelt sich um ein Gegengeschäft. Der kleine Putzerfisch, der die Zähne des Raubfisches von Nahrungsresten säubert und die Haut und die Kiemen von Schmutz und Parasiten befreit, wird dankbar von dem Raubfisch in Ruhe gelassen. Man kann also den sprichwörtlichen Gang in die Höhle eines Löwen „überleben", wenn man gut Argumente vorbringt und dem „Löwen" nützlich ist.

Sich mit fremden Federn schmücken

Hauptsächlich waren es Straußenfedern, mit denen sich bereits die alten Ägypter und Mesopotamier schmückten, die im Mittelalter die Ritter am Helm und die Frauen des 19. Jahrhunderts am Hut trugen. Diese Hutmode führte sogar dazu, dass der Strauß in den arabischen Ländern und vielen Teilen Afrikas ausgestorben ist. Einer der wichtigsten Gründe, sich mit fremden Federn zu schmücken, ist natürlich, sich schöner zu machen. Wenn man sich allerdings im übertragenen Sinn *„mit fremden Federn schmückt"*, benötigt man gar keine Federn. Die Redensart bedeutet nämlich, sich mit Leistungen anderer zu „schmücken", um damit anzugeben. Wer ein fertiges Referat aus dem Internet herunter lädt und es als eigene Arbeit vorträgt, hat sich mit fremden Federn geschmückt. In der Natur gibt es aber einen Vogel, der sich tatsächlich mit fremden Federn schmückt. Es ist der australische Seidenlaubenvogel, dessen Männchen in Größe und Gefieder der einheimischen Dohle gleicht. Für die Vogelhochzeit baut der schwarze Geselle aus Gräsern und Zweigen bis zu 1,50 Meter lange Gänge. Durch schnarrende Rufe versucht das unauffällige Männchen ein Weibchen anzulocken und dazu reicht sein schwarzes Gefieder allein nicht aus. Für eine erfolgreiche Vogelhochzeit müssen fremde Federn her und da die Weibchen auf die Farbe Blau stehen, sammelt der liebeshungrige Vogelmann fleißig blaue Federn, mit denen er den Boden seiner Laube auslegt. Mit blauen Beeren, die der Laubenvogel im Schnabel zerquetscht, „bemalt" er die Wände seiner Laube, wobei ihm faserige Rindenstückchen bisweilen als Pinsel dienen. Während der viermonatigen Balzzeit ist der Laubenvogel täglich mehrere Stunden mit dieser Arbeit beschäftigt. Hat sich ein Weibchen in die Liebeslaube locken lassen, zeigt ihr das Vogelmännchen mit gesträubten Brust- und Nackenfedern die schönsten Teile seiner Sammlung und danach kommt es zur Paarung. Das Ende vom Lied: Das Weibchen muss dann nicht nur alleine ein Nest bauen, sondern sich um die Brut und Aufzucht der Jungen kümmern. Das Vogelmännchen ist nämlich schon wieder damit beschäftigt, *sich mit fremden Federn zu schmücken* und ein neues Weibchen zu bezirzen. Dabei sind die Männchen der Seidenlaubenvögel für das Moderne ziemlich aufgeschlossen. Längst sammeln sie nicht nur blaue Federn oder Beeren, sondern Zahnbürsten, Knöpfe, Flaschenverschlüsse oder Trinkbecher. Die erfüllen ihren Zweck sogar noch besser, denn sie halten einfach länger als eine schnöde Papageienfeder aus der Natur.

'm blue blue like a Monday mor
ning.

Spinnefeind sein

Beim Anblick einer harmlosen Spinne stellen sich vielen Menschen die Haare zu Berge. Da hat die Spinne noch Glück, wenn sie nicht gleich umgebracht wird und es bei dem Ausruf *„Pfui Spinne“* bleibt – ein Spruch, der mittlerweile nichts mehr mit den Spinnentieren zu tun, sondern von uns verwendet wird, wenn wir uns ganz allgemein vor etwas ekeln. *„Spinne am Morgen bringt Kummer und Sorgen“* dagegen ist eine Redensart, die auf den ersten Blick leicht zu verstehen ist – wem am Morgen schon eine Spinne begegnet, der wird an diesem Tag vom Pech verfolgt. Natürlich vollkommener Schwachsinn, zumal die Redewendung überhaupt nichts mit der Spinne zu tun hat, sondern sich vom Wolle spinnen ableitet. Denn wer in früheren Zeiten schon morgens am Spinnstuhl arbeiten musste, der galt als arm und hatte damit Kummer und Sorgen. Wer aber wirklich etwas von Spinnentieren versteht, der weiß, dass so eine Spinne eher ein Glücksbringer ist, schließlich verzehrt sie allerlei Ungeziefer in Haus, Hof und Garten. Alle einheimischen Spinnen, ob so groß wie ein Stecknadelkopf oder wie eine Zwei-Euro-Münze, sind für den Menschen vollkommen ungefährlich, trotzdem sind alle Spinnen kleine Raubtiere, die sich von anderen lebenden Tieren ernähren. Um ihren Hunger zu stillen, haben Spinnen verschiedene Fangtechniken entwickelt. Dazu gehören natürlich die tollen Netze, in denen kleine Tiere hängen bleiben. Aber es gibt auch Spinnen, die lauern ihrem Beutetier auf. Kaum wurde dieses durch Gift getötet, läuft dem Spinnentier regelrecht das Wasser im Mund zusammen. Dieser Verdauungssaft wird ausgeschieden und macht aus den Innereien des Beutetieres eine Flüssigkeit, die als Energie-Drink aufgesaugt wird. Eine hungrige Spinne frisst alles, was sie überwinden kann. Sie schreckt auch vor anderen Spinnen nicht zurück. Der Spinnenmann wird oft schon nach der Paarung von der Spinnenfrau ausgesaugt. Spinnenmütter fressen ihre Kinder und Spinnenkinder machen aus ihren Eltern einen leckeren Saft, wenn sie erst einmal groß genug sind. Da Spinnen als Einzelgänger leben, betrachten sie sich gegenseitig als Leckerbissen, sind sich untereinander also wirklich *„spinnefeind“*, was in Menschensprache übertragen bedeutet, „bis auf den Tod“ verfeindet zu sein. Wenn wir Menschen allerdings *„jemanden zum Fressen gern haben“*, meinen wir im Gegensatz zu den Spinnen, dass wir jemanden wirklich sehr, sehr lieb haben.

H
G
F
E
D
C
B
A
4
5
6
7
8

Stielaugen bekommen

Reiher mögen Krabben und Krabben wissen das, deshalb flüchten sie, selbst wenn die Gefahr noch weit weg ist, in ihr sicheres Versteck, in unterirdische Strandburgen. Nur, womit erkennen diese doch eher kleinen und bei Ebbe auf dem Strand herumflitzenden Krebse die nahende Gefahr? Hat man etwas Geduld und lauert unbeweglich vor dem Loch, in dem die Rennkrabbe verschwunden ist, löst sich das Rätsel bald auf. Da lugen plötzlich zwei seltsame Gebilde aus dem Sandloch, die an die Antennen eines Außerirdischen erinnern. In Wirklichkeit sind es aber die Augen der Krabbe, die hier die Umgebung nach verdächtigen Dingen absuchen. Erst wenn die Überprüfung ergeben hat, dass die Luft rein ist, taucht das ganze Tier wieder aus seiner schützenden Röhre auf. Jetzt sieht man: Die komischen Dinger am Krabbenkörper müssen eigentlich die Augen sein. Was aber ohne Mikroskop nicht zu erkennen ist: Jedes der beiden Augen besteht aus etwa dreißigtausend Einzelaugen. Mit diesen zusammengesetzten Augen, die denen der Insekten ähneln, können die Krebse hell und dunkel unterscheiden, aber auch Farben, Formen und Bewegungen wahrnehmen und sich am Stand der Sonne orientieren. Der besondere Luxus ist, dass die Augen der Rennkrabbe auf Stielen sitzen, durch die das Tier einen Rundblick von 360 Grad hat. Diese Stielaugen sind also der Hauptgrund, warum es so schwierig ist, sich unbemerkt einer Rennkrabbe zu nähern.

So hilfreich die Stielaugen zum Beispiel bei der Brautschau auch sein mögen, so lästig können diese vom Körper abstehenden Gebilde sein, wenn man sich schnell in einem Versteck verkriechen möchte. Deshalb kann die Strandkrabbe ihre *Stielaugen* in einer solchen Situation herunterklappen. In der Hektik funktioniert das aber nicht immer einwandfrei. Darum begegnen einem immer wieder Krabben, an deren Augen Teile fehlen. Besonders gefährdet sind bartartige Fortsätze oben auf den Augen, über deren Aufgabe man aber noch nichts weiß. Während viele Krebse Stielaugen haben, befinden sich unsere Augen unser ganzes Leben gut geschützt in der Augenhöhle. *„Stielaugen“* machen wir aber trotzdem, nämlich dann, wenn wir etwas sehr begehrlich betrachten. Wem beim Anblick vieler leckerer Eissorten fast die Augen ausfallen, der kriegt nach der Redensart *„Stielaugen“*! Ein Krabbenmännchen, das auf der Suche nach einem Krabbenweibchen ist, bekommt also in zweifacher Hinsicht *Stielaugen*!

Stolz wie ein Pfau

Die Schwanzfedern des Pfaus schillern, je nach Lichteinfall, in allen Regenbogenfarben. Farbstoffe und der innere Aufbau der Federn, durch den das Licht gebrochen und zurückgeworfen wird, sind für das prächtige Schimmern verantwortlich. Mit der blau leuchtenden Brust, dem Federkrönchen auf dem Kopf und den Augenflecken der bis 1,30 Meter langen Schwanzfedern erinnert der Pfau an einen Märchenvogel. In Wirklichkeit hat nur der Pfauhahn so ein auffälliges Gefieder, während das Weibchen eher unscheinbar daherkommt. Der Grund ist einleuchtend. Aufgabe der Henne ist es, die Eier auszubrüten, die sich in einer Nestkuhle auf dem Boden befinden, und da ist eine gute Tarnung von Vorteil. Für das Weibchen gilt also – je unauffälliger, umso sicherer ist ihr eigenes Leben und das ihrer Küken. Aber träfe das nicht auch auf den Pfauhahn zu? Eigentlich schon. Wenn er also wie ein funkelnder Edelstein durch die Wälder seiner indischen Heimat tappt, riskiert er Kopf und Kragen. Die Prachtschleppe am Hinterteil ist im Dschungel eher hinderlich und zum Fliegen völlig ungeeignet. Was bringt ihm also sein auffälliges Aussehen? Wer mit so einem poppigen Outfit in der Wildnis überlebt, der muss besonders geschickt sein. Genau das ist es, was der Pfauhahn den Weibchen mit seinem Prachtgefieder mitteilen will: „Schaut meine Federn an, sind sie nicht schön, zeigen sie nicht wie gesund und kräftig ich bin!" Damit die Botschaft gut verstanden wird, können die Oberschwanzfedern durch darunter liegende Federn zu einem Fächer ausgebreitet werden. Dieses „Radschlagen" zeigt der Pfaumann während der Balz. Um die Wirkung des Rades zu verstärken, kann es vom Pfau noch in Vibrationen versetzt werden. All das dient dazu, die Weibchen zu überzeugen, dass er der Idealvater für die Nachkommen ist und so wird er dann – im Idealfall – von der Henne zum Vater ihrer Kinder erwählt. Die Pfauhähne werden ähnlich prächtige Schwanzfedern bekommen und damit für die Werbung um die Hennen bestens gerüstet sein. Wie gefährlich die auffälligen Schwanzfedern allerdings für den Hahn sind, erkennt man daran, dass er sie nach der Balz sofort abwirft. Der Pfauhahn selbst kann weder was für seine Schmuckfedern, noch ist er stolz darauf, da der prächtige Schwanzschmuck einfach nach den Gesetzen der Natur entstanden ist und der Paarung dienen soll. Die Redewendung *„stolz wie ein Pfau"*, womit man heute ein hochmütiges und eitles Wesen beschreibt, trifft also am wenigsten auf den Pfau selbst zu, sondern allenfalls auf den Erfinder dieses Vergleichs, den Menschen.

Stumm wie ein Fisch

Jeder hat schon einmal an einer Angel zappelnde oder im Netz gefangene Fische gesehen. In beiden Fällen befinden sich die Tiere in höchster Not und versuchen sich mit aller Kraft aus dieser Situation zu befreien. Aber auch im Moment größter Lebensgefahr dringt nicht der leiseste Laut aus dem weit geöffneten Mäulern der Fische. Wer selbst im Angesicht des Todes keinen Ton herausbringt, der muss wohl wirklich stumm sein. Schon bei den alten Ägyptern wurden schweigsame Menschen mit stummen Fischen verglichen, und daran hat sich bis heute eigentlich nichts geändert, obwohl Wissenschaftler inzwischen allerhand herausgefunden haben. Zum Beispiel, dass Fische nicht wirklich stumm sind. Um sie zu belauschen, reicht es aber normalerweise nicht aus, den Kopf einfach ins Wasser zu stecken. Die Laute der Fische sind zu schwach, um von uns ohne Hilfsmittel empfangen zu werden. Erst ein Unterwassermikrofon zeigt, welcher Höllenlärm unter Wasser herrscht. Ob die Geräusche nun nach Fröschequaken, Trommelwirbel, Schnarchen, Grunzen, Trillerpfeife oder Magenknurren klingen, für die Fische gibt es nur zwei Möglichkeiten, Töne zu erzeugen. Die meisten Fische besitzen eine Schwimmblase, die ihnen das Schweben im Wasser erleichtert. Die Haut dieses mit Gasen gefüllten Ballons wird mit Hilfe von Muskeln und Sehnen ganz schnell hin und her bewegt, wodurch Töne entstehen und verstärkt werden. Im Prinzip nichts anders, als würde man auf eine Trommel schlagen oder mit einem Geigenbogen über die Saiten einer Geige streichen. Andere Fische dagegen reiben bestimmte Zähne im Mund aufeinander. Man kann es mit dem Kratzen eines Nagels über die Rillen einer Schallplatte vergleichen. Auch wenn wir die meisten Fischgeräusche ohne technische Hilfsmittel nicht hören können, haben die Laute ganzer Fischschwärme doch immer wieder zu Problemen geführt. So hat man während des Krieges schon solche Fischschwärme bombardiert, weil ihr Lärm mit dem feindlicher U-Boote verwechselt wurde. Unter Wasser geht es also ziemlich laut zu. Was die Fische da zu bequatschen haben, bleibt aber weiterhin ihr Geheimnis. Während das Seepferdchen Liebeslieder unter der Wasseroberfläche schmettert, um das andere Geschlecht anzulocken, versucht sich der Knurrhahn mit Drohgesängen Feinde vom Leib zu halten. Bis der Mensch die Fische aber wirklich versteht, müssen sicher noch viele Wissenschaftler ihre Ohren spitzen. Das Wichtigste ist, nicht zu glauben, jemand sei *stumm wie ein Fisch*, nur weil wir selbst schwerhörig sind.

Wenn es dem Esel zu wohl wird, geht er aufs Eis

… sagt man zu einem Menschen, der sich so gut fühlt, dass er übermütig wird und sich selbst dadurch in Gefahr bringt. Das ist vielleicht typisch Mensch, aber macht so etwas auch ein Esel? Wer je einen Esel gesehen hat, dem fällt sofort die Ähnlichkeit mit den Pferden auf. Tatsächlich haben Pferde, Esel und Zebras gemeinsame Vorfahren, die vor vielen Millionen Jahren in Nordamerika lebten und sich von dort über die Erde verbreitet haben. Wildesel gibt es heute nur noch in Afrika und in Asien. Dort sind sie an das harte Leben in Halbwüsten und Gebirgen angepasst. Esel haben an ihren Füßen eine einzige Zehe, die sehr kräftig entwickelt ist. Sie gehen nicht wie wir auf der ganzen Fußsohle, sondern wie eine Balletttänzerin auf dieser Zehenspitze. Sie wird von einer dicken und harten Hornschicht geschützt und wird Huf genannt. Mit solchen Füßen kann man sich auf festen Untergrund besonders schnell bewegen. In ihren gebirgigen Lebensräumen überwinden die trittsicheren Esel selbst steilste Hänge. Dabei sind sie äußerst vorsichtig, was sie zum sichersten Reittier in den Bergen macht. Ihr feines Gespür für gefährliche Situationen wird Esel wohl auch davor bewahren, sich auf glatten, unsicheren Eisflächen zu bewegen. Die Abneigung dieser Tiere, bei Gefahr weiterzugehen, hat schon so manchem Menschen das Leben gerettet. Dem Esel allerdings hat seine Vorsicht leider oft nur den Ruf eingebracht, störrisch zu sein. Dabei haben Esel noch weitere Tricks auf Lager, um sich gut aus Gefahren zu retten und nicht nur sich. Mit seinem Geruchsinn findet der Esel Nahrung und bei Trockenheit Wasser, das tief unten im Boden verborgen ist. Andere Tiere wie z.B. Strauße haben das längst spitz bekommen und folgen Eseln in Notzeiten, bis diese Wasser finden. Ein Esel, der einmal bei einem Schiffsunglück in der Nähe der Küste ins Wasser fiel, schwamm ans Ufer und fand innerhalb kürzester Zeit zurück zu seinem 300 Kilometer entfernten Stall. Diese Leistung verdankt der Esel seinem ausgezeichneten Orientierungssinn. Übrigens ist ein Esel mindestens so klug wie ein Pferd. Man kann ihn alleine mit einer Last auf einem ihm bekannten Weg durch das Gebirge schicken und er kehrt nach Ablieferung seines Gepäcks auch wieder ohne Begleitung eines Menschen zurück. Wenn also ein Mensch all seine Vorsicht über Bord wirft, um eine Dummheit zu begehen, benimmt er sich viel dümmer als ein Esel, der selbst bei bester Laune sich nicht auf dünnes Eis begeben würde.

Wie ein Elefant im Porzellanladen

So ein afrikanischer Elefantenbulle kann von der Rüsselspitze bis zum Schwanzende schon einmal neun Meter messen. Das ist länger, als ein Fußballtor breit ist. Mit einer Körperhöhe von fast vier Metern überragt er sogar das Drei-Meter-Sprungbrett im Freibad. Als Rekordlänge für die Stoßzähne wurden dreieinhalb Meter festgestellt. Das Herz wiegt zwölf Kilogramm und das ganze Tier etwa soviel wie sieben VW-Golf zusammen. Ganz klar, bei diesen Körpermaßen ist der Elefant das schwerste Landsäugetier der Gegenwart. Lebten die Elefanten und ihre Verwandten einst über die ganze Erde verstreut, findet man die massigen Tiere heute nur noch in Afrika und in bestimmten Gegenden Asiens. In einem Porzellanladen hatten Elefanten aber eigentlich noch nie etwas verloren. Der Elefant inmitten zerbrechlichen Geschirrs ist also nur ein Bild für einen besonders tollpatschigen Menschen, dessen grobes Verhalten zu allerlei Schäden führt, ganz so wie man sich das halt bei *einem Elefanten im Porzellanladen* vorstellt. Aber in diesem Fall irrt der Mensch. So ein Rüsseltier kann rund sieben Kilometer pro Stunde laufen, klettert vorsichtig und gut und gilt dank seines Gleichgewichtssinns für trittsicherer als ein Pferd. Mit seinem Rüssel, der einst aus Oberlippe und Nase entstanden ist, kann er sowohl eine kleine Münze aufheben oder ein rohes Ei transportieren als auch schwere Lasten bewegen, wie das von den indischen Arbeitselefanten bekannt ist. Trotz ihres großen und schweren Körpers sind Elefanten in ihrer natürlichen Umgebung ganz geschickte Lebewesen, die sich sogar in einem Porzellanladen zurechtfinden könnten. Das hat man einst mit einem Zirkuselefanten bewiesen, als man ihn aus Reklamegründen durch einen Porzellanladen führte, ohne dass auch nur ein Teller beschädigt wurde, so behutsam bewegte sich der graue Koloss durch die Geschirrhindernisse. Diese Feinfühligkeit verdankt der Elefant unter anderem auch den über der Haut verteilten feinen Borsten, die das Tier spüren lassen, ob ein Hindernis im Weg ist. Wenn man bedenkt, dass sich ein Elefant sehr genau seine Wege merken kann – diese Intelligenzleistung braucht er, um bei seinen langen Wanderungen in der freien Wildbahn nicht die Orientierung zu verlieren – dann könnte so ein Elefant doch fast schon als Aushilfe im Porzellanladen anfangen!

Wie ein Phönix aus der Asche

In einem Vogelbuch aus dem Jahr 1669 ist der Phönix nicht nur abgebildet, sondern sein Aussehen wird genau beschrieben. Demnach ist er ein Tier von der Größe eines Adlers mit einem prächtigen Gefieder, das in den verschiedensten Farben schillert. In Gold- und Blautönen sowie in Purpurfarben schimmern seine Federn. Ein Purpurvogel, der ohne Eltern entstanden ist, über 500 Jahre alt werden soll und sich die ganze Zeit von nichts anderem als von Tau ernährt, erzählt uns das alte Buch. Wenn der Vogel ein bestimmtes Alter erreicht hat, zeigt er ein seltsames Verhalten. Er baut sich dann nämlich ein Nest aus duftenden Gewürzkräutern. Dazu gehören unter anderem auch Weihrauch, Myrrhe und Zimt. Ist das Nest fertig, setzt sich der Phönix hinein, fängt mit ausgebreiteten Flügeln die Sonnenstrahlen auf und lenkt sie auf das Nest, bis dieses in Brand gerät. Nicht nur das Nest verbrennt, sondern auch vom Vogel bleibt nur ein rauchendes Häufchen Asche übrig. Aber der Phönix wäre kein Wundervogel, wenn das wirklich sein Ende wäre. Nach drei Tagen entsteht aus der Asche ein kleiner Wurm, der dann Flügel bekommt und sich wieder in den Feuervogel verwandelt – für die nächsten 500 Jahre. Wer heute in einem Vogelbuch nach dem Phönix sucht, wird ihn dort nicht finden, denn ein solches Tier hat es nie wirklich gegeben. Es ist in der Fantasie des Menschen entstanden und existierte bereits bei den alten Ägyptern als Fabelwesen. Dort war der Vogel ein Symbol für den Sonnengott. Bei den Christen wurde er zu einem Bild für die Auferstehung nach dem Tod und die Erneuerung durch den Tod. Der Vogel, den es noch nie gegeben hat, der heute in keinem Zoologiebuch mehr erwähnt wird, ist aber noch lange nicht aus unserem Bewusstsein verschwunden. Er taucht nicht nur in den Märchen immer wieder auf, sondern auch in unserer Alltagssprache. Ist zum Beispiel ein erfolgreicher Sportler nur noch vom Pech verfolgt, so dass niemand mehr an ihn glaubt und er dann plötzlich wieder ganz oben auf dem Siegertreppchen steht, dann sagt man noch immer: *„Er kommt wie ein Phönix aus der Asche.“* Das bedeutet also, jemand, dem man schon längst nichts mehr zutraut, taucht plötzlich wieder mit frischen Kräften auf und beginnt ein neues, erfolgreiches Leben.

P^o L. Kapitolo XLII.

Phoenix. Ipa gest in dwogwo uêll agsau fobé lofucolla c) por III min V gira õ Ni. Congri ô VI fnulla a). Poenix b) sceder in piummin. Altarndosõ tre-fuocinell lall gova njemic esistonñ. Owôrc.

Wie ein Schmetterling von Blume zu Blume flattern

Wenn an sonnigen Tagen Schmetterlinge von Blüte zu Blüte flattern, so hat das natürlich seinen Grund. Die Flattermänner sind schlicht und einfach hungrig. Die Blüten vieler Pflanzen sind für die fliegenden Edelsteine so etwas wie eine Saftbar, an der Natur-Energiedrinks serviert werden. Den Saft gibt es aber nicht umsonst. Der Powerdrink muss mit einer Gegenleistung bezahlt werden. Die besteht nun darin, den Blütenstaub von einer Blüte zur anderen zu transportieren. Für die Schmetterlinge ein Kinderspiel, für viele Pflanzen aber ist das die Voraussetzung, damit aus ihren Blüten Samen und Früchte entstehen können. An den süßen Krafttrunk kommt nur, wer einen Rüssel hat, denn der zuckerhaltige Nektar befindet sich tief im Inneren der Blüte. Das ist Absicht. Schließlich soll sich nicht jedes Insekt mit Nektar voll laufen lassen können, sondern nur dasjenige, das sich für den Transport des Blütenstaubs eignet. Die Schmetterlinge sind die idealen Saftschlürfer. An ihrem Kopf haben sie nämlich einen Rüssel, der wie ein Saugrohr arbeitet und gleichzeitig auch noch zum Schmecken dient. Mit diesem Saugrohr wird der kostbare Nektar aus der Blüte gepumpt, dabei geraten die Schmetterlinge mit dem Blütenstaub in Kontakt, der an ihrem Körper hängen bleibt. Da der Nektar aus einer Blüte zum Sattwerden nicht ausreicht, macht sich der Schmetterling gleich auf zur nächsten Blüte und mit ihm geht der Blütenstaub auf die Reise. Ein Nachtfalter, der nur 15 bis 30 Minuten in einer Nacht unterwegs ist, um Nektar zu schlürfen, schafft es, in einer Minute 25 Blüten zu besuchen. Nachtfalter haben besonders lange Rüssel und können, ohne sich auf die Blüte zu setzen, im Schwirrflug den Nektar trinken. Den Rüssellängenrekord hält ein Nachtfalter mit 28 Zentimeter. Bei diesem Schmetterling ist der Rüssel dreimal länger als der Körper. So praktisch der Rüssel zum Nektartrinken ist, so hinderlich ist er, wenn er nicht mehr benötigt wird. Deshalb kann er von den Schmetterlingen zu einer Schnecke eingerollt werden. Das Ein- und Ausrollen des Saugrüssels ist möglich durch Muskeln und Veränderung des Blutdrucks. Obwohl der *„von Blüte zu Blüte flatternde Schmetterling"* ausgesprochen nützliche Arbeit leistet, steht der Spruch für einen Menschen, der seine Liebschaften ständig wechselt. Ein Mensch, der also seine alte Liebe satt hat, wird mit einem Falter verglichen, der noch nicht satt ist.

Wie Hund und Katz

Im Märchen von den Bremer Stadtmusikanten steht auf dem Esel der Hund. Auf ihm hat es sich die Katze bequem gemacht, auf der sich der Hahn niedergelassen hat. Die vier Tiere leben in der Geschichte friedlich miteinander, als wären sie im Paradies. Wie konnte es dann zu der Redensart *„wie Hund und Katz"* kommen, von der wohl jeder weiß, was sie bei uns bedeutet? Wir gebrauchen sie nämlich, wenn sich zwei Menschen überhaupt nicht leiden können und nur miteinander streiten. Auf den ersten Blick sieht es auch so aus, als würden Hunde und Katze sich von Natur aus als Feinde betrachten. Schließlich hat jeder schon einmal einen Hund gesehen, der eine Katze verfolgt hat, aber auch Katzen beobachtet, die Hunde mit einem Tatzenschlag erfolgreich in die Flucht geschlagen haben. In der Natur gehören beide Tiere zu den Raubtieren. Ihre Ahnen sind der Wolf und die Wildkatze. Der Wolf ist ein Großwildjäger, der sich von Elchen, Hirschen und Rentieren ernährt. Wegen der Größe der Beutetiere kann er diese nur mit anderen Wölfen seines Rudels erlegen. Bei der gemeinsamen Hetzjagd müssen sich die Wölfe verständigen können. Die Wildkatze dagegen ist eine Einzelgängerin, die von kleinen Beutetieren lebt, an die sie sich anschleicht. Katzen können sich mit anderen Katzen ebenso wie Wölfe mit anderen Wölfen durch Mimik, Gestik und Laute verständigen. Wolf und Katze betrachten sich von Natur aus nicht als Beute oder sind sich feindlich gesinnt, sondern gehen sich aus dem Weg. Das Problem zwischen Haushund und Hauskatze liegt in der Verständigung dieser beiden Tierarten. Hebt der Haushund als Aufforderung zum Spielen die Vorderpfote und wedelt mit dem Schwanz, so versteht die Katze dieses Zeichen falsch. In der Katzensprache ist das nämlich eine Aufforderung sich aus dem Staub zu machen, sonst setzt es Hiebe. Möchte eine Hauskatze dagegen spielen, fängt sie an zu schnurren, was aber für einen Haushund wie Knurren klingt und das versteht er als Drohung. Wenn sich also Haushund und Hauskatze nicht vertragen, liegt der Grund nicht von Natur aus in einer gegenseitig feindlichen Gesinnung, sondern in den verschiedenen Tiersprachen, die sie sprechen. Die Redewendung *„wie Hund und Katz zu sein"* beruht also auf einem Verständigungsproblem und das ist ja der häufigste Grund für einen Streit.

12

Wie von der Tarantel gestochen

Wer sehnlichst den Anruf der besten Freundin erwartet, springt beim ersten Klingeln des Telefons so schnell auf, als hätte ihn *eine Tarantel gestochen*. Man versteht nämlich unter dem Sprichwort eine plötzliche und sehr heftige Reaktion. Dabei ist auf der ganzen Welt noch nie ein Mensch wirklich von einer Tarantel gestochen worden. Das liegt ganz einfach daran, dass Taranteln Spinnen sind und diese Tiere können, selbst wenn sie es wollten, überhaupt nicht stechen, sondern allenfalls beißen. Die fast drei Zentimeter lange Tarantel hat ihren Namen nach der Stadt Tarent in Süditalien. Natürlich kommt diese Spinnenart auch in anderen Mittelmeerländern vor. Die Tarantel gehört zu den Wolfspinnen. Das sind Spinnen, die ihre Nahrung, Insekten, nicht in Netzen fangen, sondern wie Wölfe auf die Jagd gehen. Allerdings immer schön allein. Die Insekten werden bei den Jagdausflügen mit einem Giftbiss gelähmt und getötet. Ist die Tarantel nicht auf der Pirsch, verkriecht sich die scheue Spinne in einer Röhre im Erdboden. Übrigens kann man auch bei uns die Verwandten der Tarantel beobachten. Die einheimischen Wolfspinnen sind vollkommen harmlos und für uns ungefährlich. Die Weibchen schleppen Kugeln aus Spinnenseide mit sich herum. In diesen Kokons befinden sich die Eier, aus denen die jungen Spinnen herauskriechen, die dann noch eine Zeit lang auf dem Körper ihrer Mutter herumgetragen werden. Die italienische Tarantel hingegen gehört zu den wenigen Spinnen, die unsere Haut durchbeißen könnten. Dabei ist es bei der Lebensweise der Tarantel sehr selten, dass ein Mensch auf diese furchtsame Spinne trifft. Es ist auch nicht besonders schlimm, wenn man gebissen wird, denn der Biss lässt sich mit einem Bienenstich vergleichen, der nach ein paar Tagen vergeht. Heute jedenfalls. Nicht so im Mittelalter. In der Gegend von Tarent gab es ein paar clevere Leute, die zogen durch die Gegend, behaupteten von einer Tarantel gebissen worden zu sein und fingen in den wildesten Bewegungen und Zuckungen an zu tanzen, bis sie vollkommen erschöpft waren. Die mitleidigen Dorfbewohner gaben den Erschöpften etwas zu essen, diese wurden sofort wieder gesund, zogen ins nächste Dorf und führten dort eine neue Spinnenbiss-Show auf. Bis heute gibt es einen italienischen Volkstanz der Tarantella heißt, allerdings muss man dazu nicht von einer Tarantel gebissen und schon gar nicht gestochen worden sein. Und man muss nach einem höchst unwahrscheinlichen Tarantelbiss auch nicht Tarantella tanzen, sondern Spucke auf die Wunde geben.

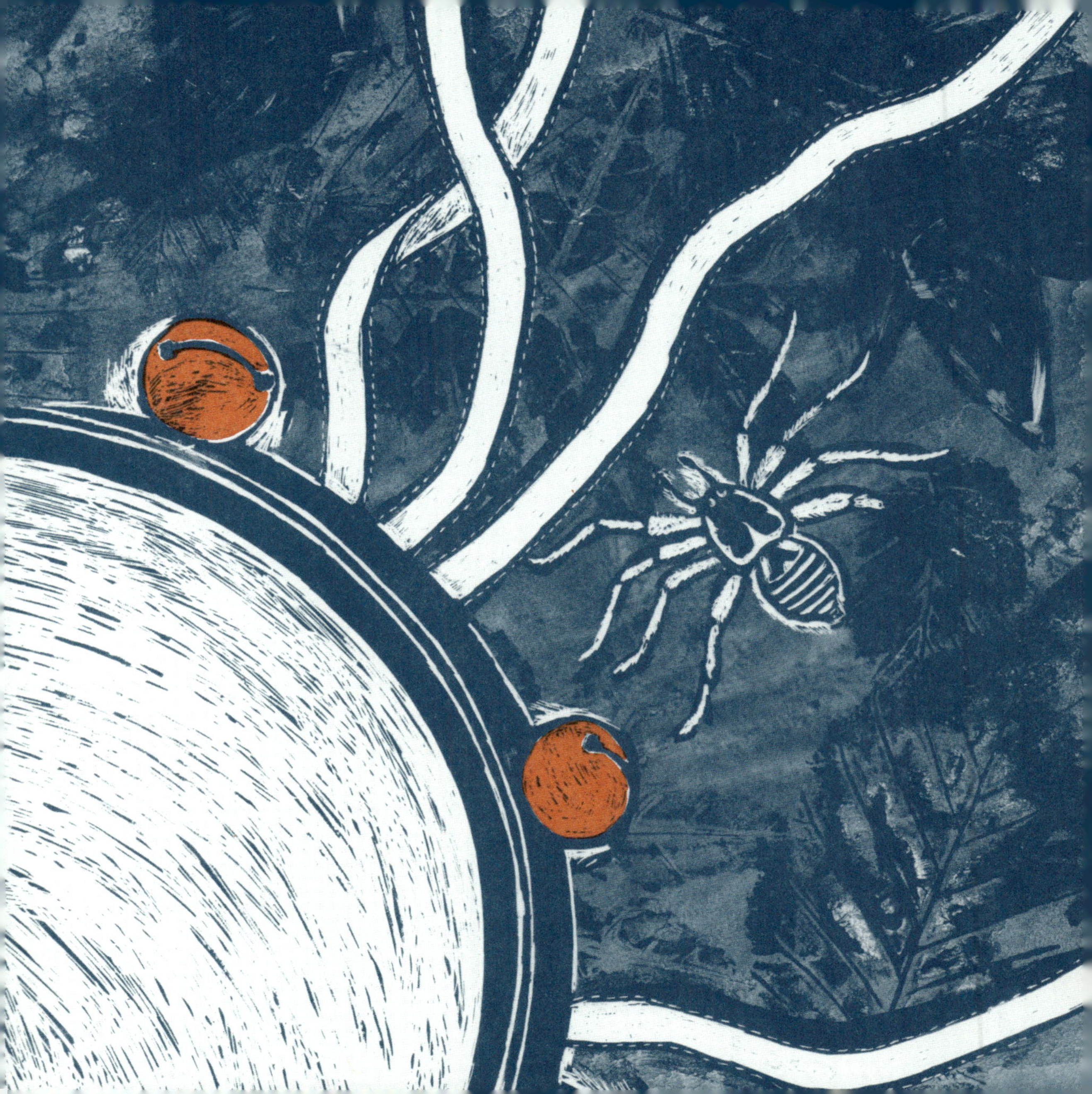

Wilde Hummel

Auf der ganzen Welt gibt es etwa 500 verschiedene Hummelarten. Das sind alles wilde Hummeln, wenn man darunter Tiere versteht, die noch frei in der Natur leben und nicht vom Menschen als Haustier gehalten werden, wie zum Beispiel eine nahe Verwandte der Hummel, die Biene. Warum ist die Biene zu einem Haustier geworden, die Hummel aber nicht, obwohl sie ja auch Nektar und Pollen sammelt?
Bereits im März kann man bei schönem Wetter die ersten Erdhummeln herumfliegen sehen. Es sind immer große, fast drei Zentimeter lange, stark behaarte Weibchen, die in einem Versteck alleine überwintert haben. Von den ersten warmen Sonnenstrahlen aufgeweckt, machen sie sich auf die Suche nach Nahrung. Die finden sie zum Beispiel an den Weidenkätzchen. Schließlich sucht die Erdhummel unterirdische Nistplätze, um dort Eier abzulegen und umgibt diese mit einem körpereigenen Wachs. Die Eier entwickeln sich zu kleinen Larven, die von dem Hummelweibchen mit Nahrung versorgt werden. Dieses Hummelweibchen wird so zur Gründerin eines Hummelstaates und gleichzeitig zu dessen Königin und nur sie kann Eier legen. Am Anfang hat sie aber ganz schön zu schuften, denn sie muss alleine die Nahrung für die hungrigen Larven herbeischaffen. Damit aus den Larven Hummeln werden, müssen sie sich erst noch verpuppen. Dazu spinnt sich jede Larve einen kleinen Kokon, in dem sie sich dann in eine Hummel verwandelt. Bei diesen Hummeln handelt es sich zwar auch um Weibchen, aber die können keine Eier legen. Es sind Arbeitshummeln, die für die neuen Larven Futter sammeln. Die leeren Kokons werden zu Pollen- und Honigspeichern. Die Nahrungsvorräte der Hummeln reichen allerdings nicht aus, um den Winter zu überleben, sondern sind für Schlechtwettertage gedacht, wenn die Hummeln ihren Bau nicht verlassen können. Sie erwirtschaften also keinen Überschuss an Honig, weshalb sich die schweren Brummer nicht als Haustiere eignen, die uns mit Honig beliefern. Die sanfte Hummel, die ihren Stachel nur im äußersten Notfall einsetzt, verhält sich überhaupt nicht wie ein wildes, gefährliches Tier. Wenn die *„wilde Hummel“* den Namen geliefert hat für „ein ausgelassenes Mädchen, das auf jeder Party zu finden ist“, liegt das vielleicht daran, dass die Suche nach Futter die Hummel zwingt, eilig von einer Blüte zur nächsten zu fliegen. Das durch ihren Flügelschlag erzeugte Brummen kann dann auch richtig „wild“ klingen.

BUMBAR
FIRENZE

Wissen, wie der Hase läuft

Selbst an Ostern ist der Feldhase selten zu sehen. Kaum verwunderlich, denn das scheue Tier mag keinen Rummel. Gute Spurenleser merken aber an den Kotkügelchen, wo Hasen zu Hause sind. Wenn es etwas gibt, was der erdbraune Mümmelmann überhaupt nicht leiden kann, ist es der Lärm Ostereier suchender Menschen. Bei diesen Geräuschen duckt sich Meister Lampe noch etwas tiefer in seine Erdmulde, legt seine Ohren noch etwas dichter an den Körper an, damit der Lärm der Spaziergänger besser über ihn hinweg streichen kann. Hilft das alles nichts, machen sich Feldhasen aus dem Staub. Beim Anblick eines plumpen Schokoosterhasen kann man sich kaum vorstellen, was das Vorbild aus der Natur für ein Sprinter und Ausdauerläufer ist. So ein Feldhase ist immer im Galopp unterwegs. Dabei bewegt er seine Hinterfüße so weit nach vorne, dass sie vor den Vorderfüßen auf dem Boden aufsetzen. Das ist besonders gut an den Spuren zu erkennen, die ein flüchtender Hase im Schnee hinterlässt. Zweieinhalb Meter weite und eineinhalb Meter hohe Sprünge sind für einen gesunden Feldhasen normal. Das Hakenschlagen, also die schnelle Richtungsänderung im Hasenlauf, macht einem Fuchs die Hasenjagd schwer. Auch bergauf wird so ein Feldhase nicht langsamer, was mit seinen langen Hinterbeinen zusammenhängt. Bleibt für den Fuchs eigentlich nichts anders übrig als *„zu warten, wohin der Hase läuft“* – eine beliebte Redensart, die bedeutet, zu warten bis eine zweifelhafte Sache sich geklärt hat. Unserem Fuchs würde das in diesem Fall aber nicht viel weiter helfen. Bevor der Hase in seine Bodenmulde zurückkehrt, legt er mehrere Spuren, die an seinem Versteck vorbeiführen. Ein Fuchs, der versucht, mit seiner Nase den in seinem Lagerplatz gut getarnten Feldhasen aufzuspüren, läuft sicher mehrmals an dem Hasenlager vorbei und wird so immer rechtzeitig von dem Hasen entdeckt, der sein Haut wieder durch die Flucht rettet. *„Schlaue Füchse“*, die wissen, *„wie der Hase läuft“*, haben es daher längst satt, den Staubwolken des Feldhasen hinterherzuhetzen. Sie verzichten deshalb schon lange auf Hasenbraten und stehlen lieber Gänse. Wer seinem Bruder zeigt, wie man seine Oma behandeln muss, damit sie das neue Handy finanziert, weiß auch, *„wie der Hase läuft“*. Unter dieser Redensart versteht man nämlich, jemandem zeigen, wie etwas gemacht werden muss, um in einer bestimmten Sache erfolgreich zu sein.

Zwei Fliegen mit einer Klappe schlagen

Wer am Muttertag seiner Mutter in der Küche hilft, anstatt ihr ein Muttertagsgeschenk zu kaufen, hat vielleicht schon *zwei Fliegen mit einer Klappe geschlagen*. Er hat zum einen eine unerwartete Freude bereitet und gleichzeitig sein Taschengeld gespart. Mit einer Sache einen doppelten Zweck auf einmal zu erreichen, bedeutet nämlich die Redensart *„zwei Fliegen mit einer Klappe schlagen"*. Das ist vielleicht nicht immer so leicht wie am Muttertag, aber noch schwieriger ist es, zwei richtige Fliegen mit einem Schlag zu treffen. Meistens hat man schon Probleme, eine einzige Fliege zu fangen. Das liegt einmal daran, dass sie mit ihren beiden Flügeln eine ganz geschickte Fliegerin ist. Der schwarzgraue Brummer bringt es auf fast 25 Kilometer in der Stunde. Versuchen wir eine sitzende Fliege zu fangen, sind wir meist auch nicht erfolgreicher. Das hängt mit den Augen der Stubenfliege zusammen. Wie alle Insekten besitzt auch die Fliege an ihrem Kopf zwei halbkugelige Netzaugen. Schon mit einer einfachen Lupe kann man auf der Augenoberfläche ein Netz von Sechsecken erkennen. Unter jedem Sechseck befindet sich ein einzelnes Auge. Bei der Stubenfliege besteht ein Netzauge aus etwa 4 000 Einzelaugen. Das ist „insektisch" gesehen nicht besonders viel. Libellen, die sehr schnell fliegen und ihre Nahrung aus der Luft fangen, haben sogar 28 000 solcher Einzelaugen. Für die Fliege ist die Anzahl ihrer Augen aber ausreichend, um Bewegungen besonders gut wahrnehmen zu können. Ein kleines Beispiel: Ein Kinofilm besteht aus lauter Einzelbildern, 24 Stück pro Sekunde sind notwendig, damit wir Bewegungen erkennen. Die Fliege, die sich ins Kino verirrt hat, könnte im laufenden Film die einzelnen Bilder erkennen und käme sich vor wie im Diavortrag. Wenn wir also mit der Zeitung auf eine Fliege schlagen so schnell wir können, sieht das Insekt, dank seiner Augen, den gefährlichen Feind im Zeitlupentempo auf sich zukommen und kann rechtzeitig entwischen. Deshalb ist es schon schwierig, eine einzelne Fliege zu erwischen, bei zwei Fliegen wird es nicht leichter. Das ist eigentlich nur möglich mit einer sehr gut konstruierten Fliegenklatsche. Diese hat nämlich Löcher um Luft und Licht durchzulassen – sonst wäre die Fliege schon durch den Wind und den Schatten gewarnt – und sie besitzt einen langen, sehr beweglichen Griff, wodurch man die Klatsche deutlich schneller heruntersausen lassen kann. Bevor die Fliege *„die Fliege"* macht.

Ende

Covergestaltung: Christine Paxmann
DTP-Satz: Ingo Engel für Paxmann/Teutsch Buchprojekte
Illustrationen von Annette Roeder
Druck und Bindung: GEMI s.r.o., Prag
ISBN 3-86637-066-0